Suttor / Müller

Das Mini-Blockheizkraftwerk

Wolfgang Suttor / Armin Müller

Das Mini-Blockheizkraftwerk

Eine Heizung, die kostenlos Strom erzeugt

2., überarbeitete Auflage

 **C. F. Müller Verlag, Heidelberg**

Diejenigen Bezeichnungen von im Buch genannten Erzeugnissen, die zugleich eingetragene Warenzeichen sind, wurden nicht besonders kenntlich gemacht. Es kann also aus dem Fehlen der Markierung ® nicht geschlossen werden, daß die Bezeichnung ein freier Warenname ist. Ebensowenig ist zu entnehmen, ob Patente oder Gebrauchsmusterschutz vorliegen.

Autoren und Verlag haben alle Texte und Abbildungen sowie den Inhalt der CD-ROM mit großer Sorgfalt erarbeitet. Dennoch können Fehler nicht ausgeschlossen werden. Deshalb übernehmen weder Autoren noch Verlag irgendwelche Garantien für die in diesem Buch gegebenen Informationen. In keinem Fall haften Autoren oder Verlag für irgendwelche direkten oder indirekten Schäden, die aus der Anwendung dieser Informationen folgen.

Die Deutsche Bibliothek – CIP-Einheitsaufnahme

Suttor, Wolfgang:
Das Mini-Blockheizkraftwerk [Medienkombination] : Eine Heizung, die kostenlos Strom erzeugt / Wolfgang Suttor/Armin Müller. – Heidelberg : Müller
   ISBN 3-7880-7681-X
Buch.. – 2. Aufl. – 2000
CD-ROM.. – 2. Aufl. – 2000

2., überarbeitete Auflage 2000
© C. F. Müller Verlag, Hüthig GmbH, Heidelberg
Printed in Germany
Druck: Greiserdruck, Rastatt

ISBN 3-7880-7681-X

Inhalt

1 Vorwort

Ein Mini-Blockheizkraftwerk ist ein kleines, kompaktes Motoraggregat, das die Erzeugung von Strom und Wärme miteinander verbindet, kurz: eine Heizung, die auch Strom erzeugt. Dies ist noch kein Grund, auf die bewährten Techniken der Strom- und Wärmeerzeugung in Heizkesseln und Kraftwerken zu verzichten. Ganz im Gegenteil ergänzen sich die zentrale und dezentrale Energieversorgung.

Für den verstärkten Einsatz von Blockheizkraftwerken (BHKW) sprechen vier entscheidende Punkte:

- geringerer Primärenergieverbrauch (Ressourcenschonung)
- geringere Umweltbelastung (Minderung der Emissionen)
- Begünstigung durch gesetzliche Rahmenbedingungen
- Wirtschaftlichkeit.

Ressourcenschonung und Umweltentlastung haben in der öffentlichen Diskussion einen so hohen Stellenwert, daß dies in dem seit 29. 4. 1998 geltenden neuen Energiewirtschaftsgesetz zum Ausdruck gebracht wurde. Blockheizkraftwerke bis 30 kW erfahren dort eine besondere Stellung. Blockheizkraftwerke genießen in der Bevölkerung und auf allen politischen Ebenen eine positive Zustimmung.

Mit dem Gesetz zum Einstieg in die ökologische Steuerreform – genannt „Ökosteuer" – vom 1. 4. 1999 werden Blockheizkraftwerke gegenüber einer getrennten Wärme- und Stromerzeugung sogar finanziell begünstigt, so daß ihre Wirtschaftlichkeit deutlich zunimmt.

Blockheizkraftwerke werden sich aber nur weiter durchsetzen, wenn der Betreiber einschließlich der steuerlichen Vorteile auch einen wirtschaftlichen Erfolg hat. Die Vorteile eines Blockheizkraftwerkes lassen sich anhand der Gegebenheiten vor Ort und den gesetzlichen Rahmenbedingungen in Mark und Pfennig und demnächst sogar in Euro ermitteln. Die über 9.000 Blockheizkraftwerke in der BRD sind hauptsächlich unter dem Aspekt der Wirtschaftlichkeit in Betrieb gegangen. Gut ein Drittel davon entfällt auf Anlagen mit einer elektrischen Leistung um 5 kW.

Diese kleinen Geräte – auch Heizkraftanlagen (HKA) genannt – bilden das untere Marktsegment von Anlagen, die nach dem Prinzip der Kraft-Wärme-Kopplung (KWK) arbeiten, also der gleichzeitigen Strom- und Wärmeerzeugung in einer Anlage. Die Abbildung 1.1 zeigt die große Spanne der KWK-Anlagen vom Heizkraftwerk über das Blockheizkraftwerk bis zum Mini-BHKW, der Heizkraftanlage.

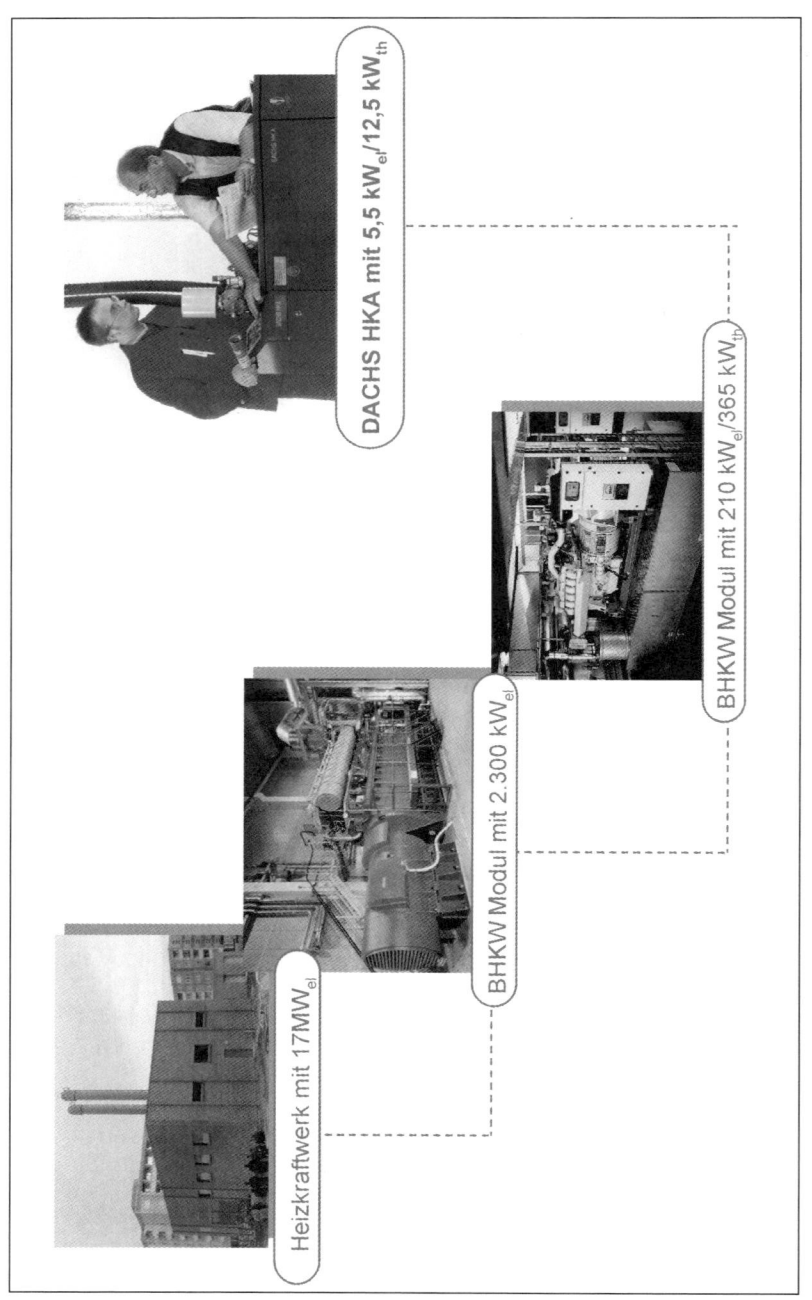

DACHS HKA mit 5,5 kW$_{el}$/12,5 kW$_{th}$

BHKW Modul mit 210 kW$_{el}$/365 kW$_{th}$

BHKW Modul mit 2.300 kW$_{el}$

Heizkraftwerk mit 17MW$_{el}$

Abb. 1.1 Vom Heizkraftwerk (HKA) über das Blockheizkraftwerk (BHKW) zur Heizkraftanlage – einem Mini-Blockheizkraftwerk

Mit der Einführung von Mini-Blockheizkraftwerken auf der Basis eines markt-reifen Serienproduktes wird auch die volks- und betriebswirtschaftliche Ziel-setzung der Ressourcenschonung und Umweltentlastung erfüllt. Ein Markt-erfolg mit Mini-Blockheizkraftwerken wird sich einstellen, weil auch die wirt-schaftlichen Rahmenbedingungen sich für wesentlich mehr Anwendungsfälle (Mehrfamilienhäuser, Gewerbe, öffentliche Einrichtungen) verbessert haben und noch weiter verbessern werden.

Das wirtschaftliche Potential von Mini-Blockheizkraftwerken beträgt ein Vielfa-ches der gegenwärtig im Einsatz befindlichen Blockheizkraftwerke. Dies wird daran deutlich, daß im Gegensatz zur Bundesrepublik Deutschland, in der nur ca. 5 % der Stromerzeugung aus BHKW stammen, in angrenzenden Ländern wie etwa Dänemark oder die Niederlande heute schon 40 bzw. 30 % über BHKW erzeugt werden. Heute erscheint es mit einem Blick in die Zukunft nicht mehr ausgeschlossen, auch in Ein- und Zweifamilienhäusern ein Mini-Block-heizkraftwerk wirtschaftlich zu betreiben.

Für die fachlichen Anregungen, die sorgfältige Durchsicht des Manuskripts und die Programmentwicklung der beiliegenden CD danken die Autoren den Her-ren Michael Backe und Heiko Hespelein.

2 Grundlagen, Umfeld

Die grundsätzlichen Vorteile der gekoppelten Strom- und Wärmeerzeugung – auch Kraft-Wärme-Kopplung (KWK) genannt – sind unbestritten. Die KWK mit ihren hohen Nutzungsgraden stellt ein energie- und volkswirtschaftlich hochinteressantes und erwünschtes Instrumentarium zur Ressourcenschonung dar. In Objekten mit einem geeigneten Wärme- und Strombedarf kann das angestrebte Ziel der Bundesregierung, bis zum Jahr 2005 die klimarelevanten Kohlendioxid-Emissionen um 25 bis 30 % zu senken, mit Hilfe der KWK in der Regel äußerst wirtschaftlich realisiert werden.

Das im April 1998 in Kraft getretene Energiewirtschaftsgesetz zielt ebenfalls in die Richtung Klimaschutz und bevorzugt die KWK. Sie wird in einem Zug mit der Stromerzeugung auf der Basis nachwachsender Rohstoffe genannt und gegenüber der Stromerzeugung aus anderen Energieträgern begünstigt.

Durch die Ökosteuer (Gesetz zum Einstieg in die ökologische Steuerreform) vom April 1999 wird die Präferenz der KWK konkret in steuerliche Vorteile gegenüber der getrennten Strom- und Wärmeerzeugung umgesetzt. Die Wirtschaftlichkeit besonders der kleinen Anlagen steigt entsprechend der politischen Zielsetzung. In den nächsten Stufen der Ökosteuer wird sich dieser positive Trend hin zur KWK weiter fortsetzen.

Die KWK genießt daher in Fachkreisen einen sehr hohen Stellenwert und bei Behörden und in der Öffentlichkeit eine ungeteilte Zustimmung.

Auch wenn die KWK schon eine hundertjährige Tradition hat, wurde erst mit der Einführung der KWK auf der Basis von Verbrennungsmotoren (Blockheizkraftwerke – BHKW) in den 70er Jahren die Möglichkeit geschaffen, die Energieversorgung zu dezentralisieren und zu kommunalisieren. Das BHKW machte die Runde als Schlüsseltechnologie, ja gar als Zauberwort der Energieversorgung.

Die BHKW nahmen einen enormen Aufschwung. Heute sind ca. 9.000 BHKW in Deutschland in Betrieb. Für unzählige Einsatzfälle ist nicht nur ihr umweltschonender, sondern auch ihr wirtschaftlicher Betrieb nachgewiesen worden.

Mit der Einführung von Mini-BHKW beginnt eine neue Ära für Anlagenbauer, Energieversorgungsunternehmen und Betreiber. Einerseits wird die Dezentralisierung der Stromerzeugung weiter fortschreiten, andererseits bieten sich durch den freien Stromnetzzugang völlig neue, auch länderübergreifende Wege für den Stromabsatz und den Strombezug. Die möglichen Veränderungen in der Stromwirtschaft sind heute noch in keiner Weise abzusehen. Dies trifft besonders für den Fall zu, daß auch Ein- und Zweifamilienhäuser wirtschaftlich durch ein Mini-Blockheizkraftwerk versorgt werden können.

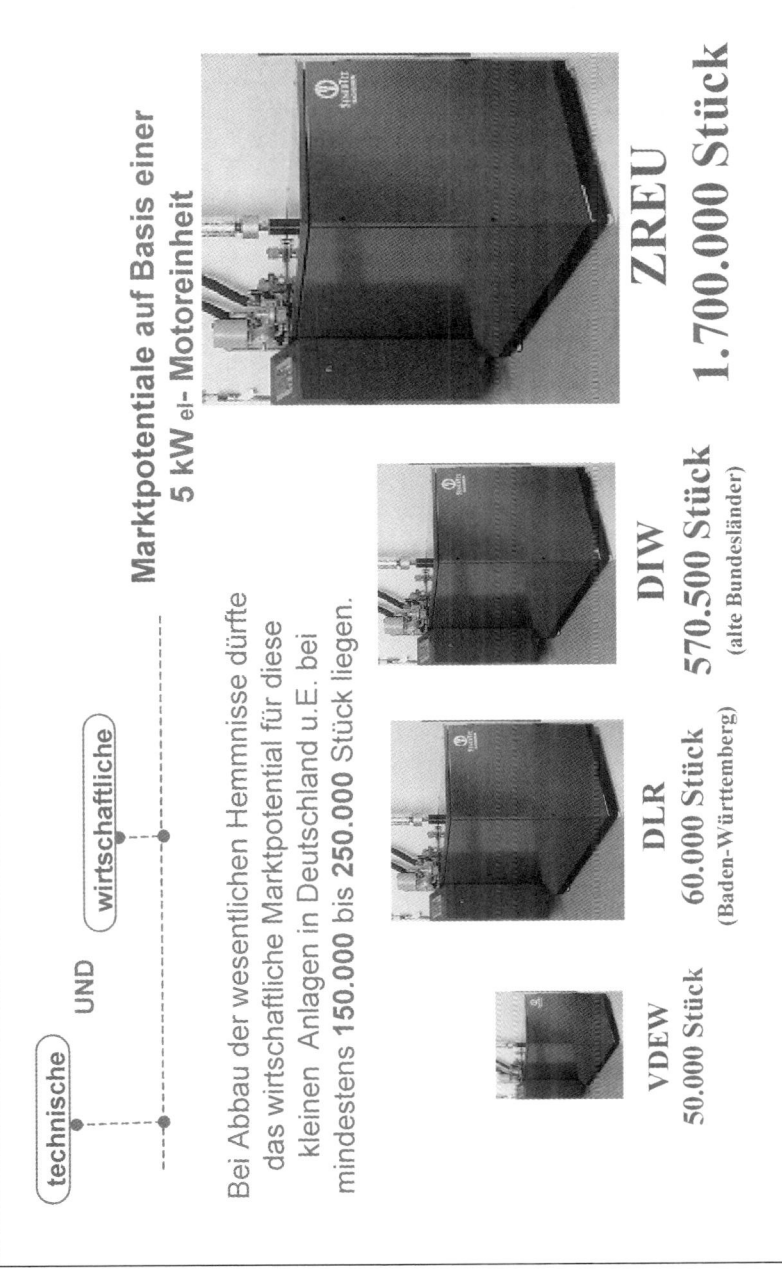

Abb. 2.1   Marktpotentiale für Klein-BHKWs

Durch die geringe Größe der Mini-BHKW werden als zusätzliche Einsatzfelder Mehrfamilienhäuser, ja sogar Ein- und Zweifamilienhäuser, Gewerbebetriebe, Gastronomie, die Landwirtschaft und öffentliche Gebäude erschlossen. Das wirtschaftliche Marktpotential übersteigt mit Sicherheit ein Vielfaches der bereits heute vorhandenen BHKW.

In verschiedenen Studien wurde das BHKW-Potential auf 50.000 bis 1,7 Mio. Stück geschätzt (Abbildung 2.1).

Ein Mini-BHKW ist ein kleines, kompaktes, anschlußfertiges und standardisiertes Motor-Heizkraftwerk, das die Erzeugung elektrischer und thermischer Energie miteinander verbindet. Da diese Anlage nichts mehr mit einem „Kraftwerk" zu tun hat, wird sie auch als Heizkraft-Anlage (HKA) bezeichnet. In der Abbildung 2.2 sind die Energieströme vereinfacht dargestellt.

Die wichtigsten Komponenten sind der Motor (Gas- oder Heizöl/RME-Motor) und der von diesem angetriebene Generator, der die elektrische Energie erzeugt. Die bei der Stromerzeugung im Kühlwasser, im Schmieröl und im Abgas entstehende Wärme wird über mehrere Wärmetauscher zur Heizwärmeerzeugung und zur Warmwasserbereitung verwendet. Die elektrische Energie kann entweder im Gebäude selbst genutzt oder ganz bzw. teilweise in das Netz des örtlichen Stromversorgers eingespeist werden.[1]

Die Heizwärmeerzeugung des BHKW ist mit der Wärmeabgabe eines Heizkessels, die Stromerzeugung mit der eines Kraftwerkes vergleichbar. Der Wert des erzeugten Stromes hängt davon ab, ob er im eigenen Objekt verbraucht oder in das Netz des örtlichen Stromversorgers eingespeist wird. Es ist sogar möglich, den Strom weiterzuverkaufen.

Der Wert des Stromes ist am höchsten, wenn er zu Tarifpreisen verkauft wird. Er ist am niedrigsten, wenn er in das öffentliche Stromnetz eingespeist wird. Wird der Strom im eigenen Objekt verbraucht, dann hat der Strom den Wert, den man dafür an den örtlichen Stromversorger bezahlen müßte.

Auf der Vergleichsbasis Wärme aus dem Heizkessel und Strom aus Kraftwerken können die Wirtschaftlichkeit, die Primärenergieeinsparung und die Umweltentlastung durch ein BHKW ermittelt werden. Alle drei Punkte, auf die in den Kapiteln 6 und 7 näher eingegangen wird, sprechen für den Einsatz der Mini-BHKW und werden dazu beitragen, daß sich diese Art von KWK-Anlagen am Markt durchsetzen wird.

---

[1] Als Mini-BHKW versteht man eine kleine, kompakte, anschlußfertige motorbetriebene Kraft-Wärme-Kopplungsanlage, die als Seriengerät industriell gefertigt wird und am Aufstellungsort nur noch anzuschließen ist. Ein solches Gerät mit 5,5 kW elektrischer und 12,5 kW thermischer Leistung bietet die SenerTec GmbH, Schweinfurt am Main, an (vormals Fichtel & Sachs, Bereich Energietechnik). Diese Anlage wird auch als Heizkraft-Anlage (HKA) bezeichnet.

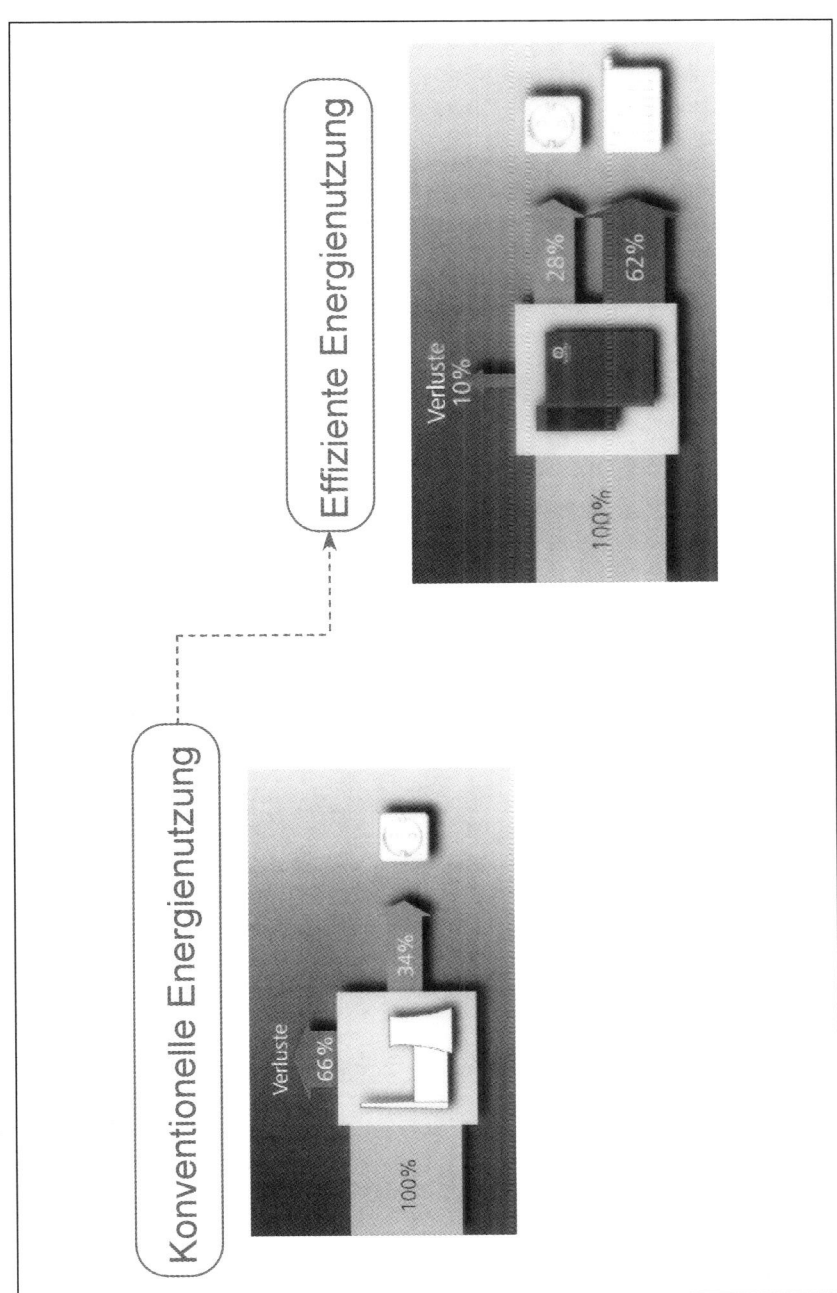

Abb. 2.2   Leistungsbilanz einer Heizkraftanlage mit Erdgas

3 Einsatzmöglichkeiten, Einsatzpotentiale

Die Verbreitung der Kraft-Wärme-Kopplung vollzog sich in den vergangenen Jahrzehnten zum großen Teil in der Industrie und bei den Fernwärmeversorgern. Einen besonderen Stellenwert fand diese Technik in der Öffentlichkeit nicht, da die gekoppelte Strom- und Wärmeversorgung als Stand der Technik angesehen wurde. Sie kam zum Einsatz, wenn die technisch-wirtschaftlichen Rahmenbedingungen dies zuließen.

Kleinere KWK-Standard- und -Serienanlagen ermöglichten es, neue Einsatzfelder zu erschließen. Vor allem durch die Mini-BHKW ließen sich Potentiale in öffentlichen Einrichtungen und Gewerbe finden. Die Abbildung 3.1 zeigt die Aufteilung der BHKW nach den Einsatzgebieten, wie sie sich zuletzt 1997 darstellte. Der Anteil der Wohngebäude wird sich durch Mini-Blockheizkraftwerke deutlich erhöhen.

Bis Ende 1999 waren bei steigender Tendenz rd. 9.000 BHKW mit einer elektrischen Leistung von 2.500 MW in Betrieb. Die Zahl der möglichen Einsatzfelder wird sich bei einer BHKW-Größe von ca. 5 kW_{el} noch deutlich erhöhen. Besonders die Ausstattung von Mehrfamilienhäusern mit BHKW läßt ein nahezu unbegrenztes Potential erkennen.

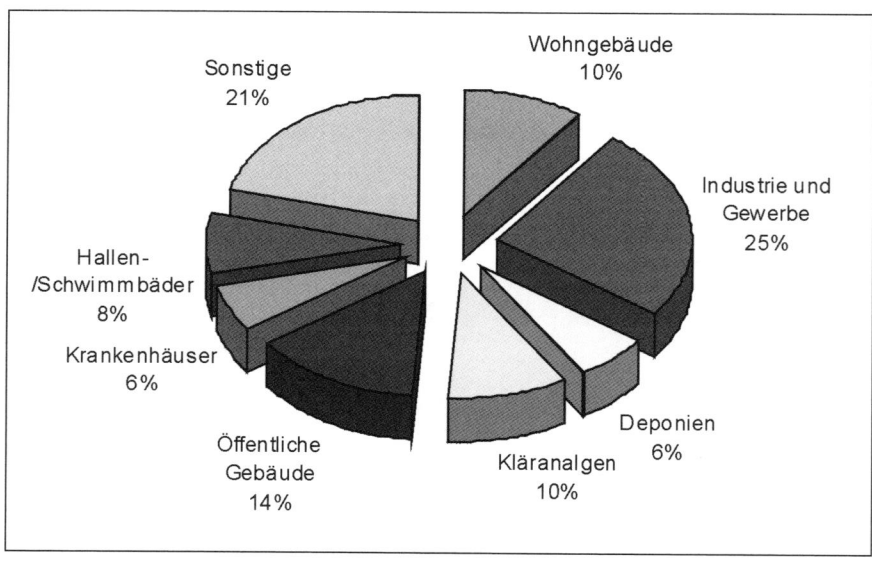

Abb. 3.1   Einsatzgebiete der BHKW-Anlagen bezogen auf die Anzahl der Anlagen

Dennoch sollten Auswahlkriterien für nahezu alle Einsatzgebiete beachtet werden, die mit einer Heiz-Kraft-Anlage von ca. 5 kW elektrisch und 10,5 bis 12,5 kW thermisch versorgt werden sollen. Aus energieökonomischen Gründen ist eine wärmegeführte Betriebsweise zwingend. Daß dabei eine stromoptimierte Fahrweise angestrebt werden sollte, ist naheliegend.

Im Hinblick auf die Wirtschaftlichkeit ist es u. a. wichtig, über 4.500 Betriebsstunden jährlich zu erreichen und einen möglichst hohen Anteil am gesamten erzeugten Strom im Objekt zu verbrauchen. Damit ergibt sich für den bivalenten – in Verbindung mit einem Heizkessel – Normal-Einsatzfall eine notwendige thermische bzw. elektrische Grundlast von:

• Thermische Grundlast   > 8,0 kW
• Elektrische Grundlast   > 3,5 kW

Bezogen auf die thermische und elektrische Spitzenleistung und ein durchschnittliches Lastprofil bedeutet dies:

Maximaler Wärmebedarf > 40 kW (inkl. der Brauchwassererwärmung)

Maximaler Strombedarf   > 15 kW

Dies gilt für den Einsatz einer HKA. Bei höheren Werten können mehrere Module eingesetzt werden. Die Situation in größeren Einfamilienhäusern bzw. Zweifamilienhäusern, bei der die HKA dann monovalent – also ohne Heizkessel – betrieben wird, ist gesondert zu betrachten. Ein Beispiel dazu finden Sie im Kapitel 7.5.

Dies sind nur grobe Anhaltswerte.

Die nachfolgenden Einsatzmöglichkeiten sind ausschließlich durch die Wirtschaftlichkeit – und somit auch von den aktuell geltenden Rahmenbedingungen – bestimmt und gliedern sich wie folgt:

Wohnbereich:
• Große Einfamilienhäuser/Villen (mit Schwimmbad, Gewächshaus etc.)
• Mehrfamilienhäuser
• Seniorenheime
• Wohn- und Niedrigenergiesiedlungen mit Nahwärmesystemen
• gemischt genutzte Objekte (Wohnungen mit Einkaufsläden)

Öffentliche Gebäude:
• Verwaltungsgebäude:
Rathaus, Finanzamt, Landratsamt, Krankenkassen, Polizei, Post, TÜV, Gericht etc.

- Schulen:
  Gymnasien, Grundschulen, Hauptschulen,
  Sonderschulen etc. insbes. mit Turnhallen/
  Schwimmbädern
- Sporteinrichtungen:
  Schwimmbäder (Hallenbad, Freibad),
  Turnhallen, Eisstadien, Sportstadienanlagen,
  Sportzentren
- Gesundheitseinrichtungen:
  Kleine Krankenhäuser, Kurheime, Sanatorien
- Verkehrsunternehmen:
  ÖPNV, Bahnhöfe, Feuerwachen,
  Flughafengebäude
- Kulturelle Einrichtungen:
  Theater, Museen, Veranstaltungshallen,
  Tierparks
- Versorgungstechnik:
  Stadtwerke, Heizzentralen, kleinere Fern-
  wärmenetze, Wasserwerke, Elektrizitäts-
  werke, Bauhöfe, biologische Kläranlagen
- Kinder- und Jugendeinrichtungen:
  Kindergärten, Kindertagesstätten, Kinder-
  grippen, Jugendherbergen, Kinderheime
- Burgen, Schlösser
- Kasernen
- Kirchliche Einrichtungen:
  Kirchen, Pfarrheime, Diakoniezentren

Gewerbe:

- Übernachtungsgewerbe:
  Hotels, Pensionen, Ferienheime, Kurheime,
  Gasthöfe, Tagungsstätten mit Gästehäusern,
  Autobahnraststätten mit Rasthaus
- Handels- und Dienstleistungsbetriebe:
  Supermärkte, Einkaufszentren, Kaufhäuser,
  Möbelhäuser, Banken, Messehallen
- Handwerksbetriebe:
  Bäckereien, Fitness-Center, Fleischereien/
  Metzgereien, Schreinereien,
  Lackierereien, Autowerkstätten, Autowasch-
  anlagen, Großtankstellen
- Landwirtschaft, Gärtnereien:
  Fischzuchtbetriebe, EU-Bauernhöfe,
  Erwerbsgärtnereien, Saatzuchtbetriebe,
  Viehzuchtbetriebe
- Campingplätze

Kleinindustrie:
- Maschinenbaubetriebe
- Galvanische Betriebe
- Brauereien
- Druckereien, Zeitungen, Verlage
- Fleischverarbeitende Betriebe, Schlachthöfe

Sonstige:
- Alpenhütten, Campingplätze
- Objekte mit Ersatzstrombedarf bei häufigem Netzausfall

Für manche Einsatzfelder können als zusätzliche Auswahlkriterien noch weitere Kenngrößen genannt werden (Tabelle 3.1).

Tabelle 3.1 Auswahlkriterien für Einsatzobjekte, die mit einem Mini-BHKW (ca. 5 kW elektrisch und 12 kW thermisch) versorgt werden sollen

Anwendungs-bereich	Objekt	Auswahl-kriterium
Wohnbereich	Mehrfamilienhaus	> 6 Wohneinheiten
	Hotels, Gaststätten, Tagungsstätten	> 40 Zimmer inkl. Warmwasser-bereitung
	Alten-/Seniorenheime	> 50 Zimmer bzw. Personen
	Energiesparsiedlung	Heizzentrale > 150 kW
Öffentliche Gebäude	Verwaltungsgebäude z. B. Rathaus, Finanzamt, Landrats-amt Krankenkassen, Polizei, Bundespost, Gerichte, TÜVs etc.	> 25.000 Einwohner > 50 Beschäftigte > 800 m^2
	Schulen Universitäten, Hochschulen, Gymnasien, Grundschulen, Hauptschulen, Sonderschulen etc.	> 10 Klassenzimmer > 250 Schüler
	Sportanlagen Schwimmbäder (Hallenbad, Freibad)	Beckenlänge über 20 m
	Sportstadienanlagen	> 1.000 Mitglieder
	Krankenhäuser, Kurheime	> 25 Betten
	Verkehrsbetriebe Omnibus, Straßenbahn, Bahnhof, Feuerwehr, Flugplatz	> 50.000 Einwohner

Tabelle 3.1   *Fortsetzung*

Anwendungs-bereich	Objekt	Auswahl-kriterium
	Kulturelle Einrichtungen Theater, Museum, Veranstaltungs-hallen, Tierpark	> 1.500 m²
	Versorgungstechnik Stadtwerke, Heizzentralen, Fern-wärme, Wasserwerk, Elektrizitäts-werk, Bauhof, Kläranlagen	Wärmebedarf über 150 kW
	Burgen, Schlösser	Wärmebedarf über 150 kW
	Kasernen	Wärmebedarf über 150 kW
Gewerbe Wärmebedarf 60 ... 150 kW	Autowerkstätten	> 50 Beschäftigte
	Großbäckereien	geeignet
	Banken	> 1.500 m²
	Brauereien	geeignet
	Bräunungs-, Fitness-, Sauna-Studios	> 150 Besucher/Tag
	Druckereien, Zeitungen, Verlage	Wärmebedarf über 150 kW
	Kaufhäuser, Möbelhäuser	> 2.000 m²
	Maschinenbaubetriebe	> 10 Beschäftigte
	Großtankstellen	> 15 kW$_{el}$ Anschluß-wert, Wärmebedarf > 40 kW
	Supermärkte, Einkaufszentren	> 2.000 m²
	Fleischerei, fleischverarbeitende Betriebe	> 10 Beschäftigte
	Autobahnraststätten inkl. Rasthaus	Wärmebedarf über 40 kW
	Schlachthöfe, Großviehhaltung	geeignet
Industrie	vielfältige Einsatzmöglichkeiten	Grundlast auch im Sommer > 8 kW$_{th}$ und > 3,5 kW$_{el}$
Kleinver-braucher	Kleinbetriebe mit relativ hohem Stromverbrauch	Strombedarf über 5 kW im begrenzten Zeitraum > 10.000 kWh Stromverbrauch
	Campingplätze, Alpenhütten, abgelegene Häuser	kein Netzanschluß möglich

4 Technik

Stellvertretend für Mini-Blockheizkraftwerke wird die Heiz-Kraft-Anlage der SenerTec GmbH, Schweinfurt, ausführlich beschrieben (Abbildung 4.1 und 4.2). Dieses Aggregat erfüllt die Anforderungen an ein kompaktes und anschlußfertiges Serienaggregat. Insbesondere besteht, erstmalig für BHKW, ein relativ flächendeckendes, geschultes und ausgebildetes Vertriebs- und Servicenetz, was für den vielfältigen erfolgreichen Einsatz dieser Technik unumgänglich ist.

Dieses Mini-BHKW erzeugt in der Gasvariante 5,5 kW Strom, 12,5 kW Wärme, in der Ölausführung 5,3 bzw. 10,5 kW. Es zeichnet sich durch einen hohen energetischen Gesamtwirkungsgrad von ca. 90 % (ohne nachgeschalteten Wärmetauscher zur Brennwertnutzung), lange Lebensdauer und große Wartungsintervalle, Geräuscharmut und einfache Montagetechnik aus. Inzwischen sind diese Mini-Blockheizkraftwerke – auch mit Beteiligung vieler örtlicher und regionaler Energieversorgungsunternehmen – in über 3.000 Anlagen eingesetzt.

4.1 Technische Daten und Spezifikationen

Leistung:
- Erdgas/Flüssiggas-HKA:
  Elektrische Bruttoleistung abhängig von den Emissionswerten: 5,0 bzw. 5,5 kW
  Thermische Leistung abhängig von der Rücklauftemperatur (Angabe bei 60 °C):
  bei 5,5 kW_{el} ca. 12,5 kW_{th}
  bei 5,0 kW_{el} ca. 12,3 kW_{th}
- Heizöl/Biodiesel-HKA:
  bei 5,3 kW_{el} ca. 10,4 kW_{th}

Motor:
- eigenentwickelter Spezialmotor für hohe Lebensdauer
- Einzylinder-Viertakt-Hubkolben-Verbrennungsmotor in Monoblockbauweise (Hubraum 579 cm^3)
- Erdgas/Flüssiggas-HKA: Otto-Mager-Motor
- Heizöl/Biodiesel-HKA: Diesel-Direkteinspritzer

Brennstoff:
- Erdgas (I_{2ELL})
- Flüssiggas (I_{3P})
- Heizöl HEL nach DIN 52 603
- Pflanzenmethylester (PME) nach DIN 51 606

Brennstoffverbrauch   – Erdgas/Flüssiggas-HKA:
pro Betriebsstunde: bei 5,5 kW ca. 20,5 kWh (H_u)
                              bei 5,0 kW ca. 19,6 kWh (H_u)
                          – Heizöl/Biodiesel-HKA:
                              bei 5,3 kW ca. 17,9 kWh (1,79 l/h / 1,93 l/h)

Generator: – eigenentwickelter, 2poliger Asynchron-
                              Spezialgenerator
                          – über ein Zahnradpaar direkt vom Motor
                              angetrieben
                          – vom Heizungswasser gekühlt

Abb. 4.1   Erdgas-Heiz-Kraft-Anlage (Frontansicht)

- 92 % Wirkungsgrad bei maximal 70 °C Heizungswasser-Rücklauftemperatur
- ausgelegt auf cos phi 0,9 bei 400 V/50 Hz Nennspannung ohne Blindstromkompensation
- Oberwellen in allen Frequenzen unter der Grenzkurve EN 60 555

Betrieb:
- Grundversion: parallel mit dem öffentlichen Netz
- Führungsgröße ist die im Gebäude benötigte Wärme

Abb. 4.2   Erdgas-Heiz-Kraft-Anlage (Seitenansicht)

- stromoptimierte Betriebsweise möglich
- auch als Version im Inselbetrieb oder netzparallel mit Ersatzstromfunktion möglich

HKA-Module:
- Modul mit autarkem Regler einschließlich Netzüberwachung
- Mehr-Modul-Systeme mit integriertem Leitmanagement (bis zu 6 Modulen)

Brennstoffausnutzung der HKA:
- bis 90 % bei 30 °C Heizungswasser-Rücklauftemperatur
- bis 87 % bei 70 °C Heizungswasser-Rücklauftemperatur
- bis zu 104 % bei nachgeschaltetem Abgaswärmetauscher zur Brennwertnutzung (Gas-HKA)

Lebensdauer:
- 15 Jahre (abhängig von den jährlichen Betriebsstunden)
- bei Vollwartung über 80.000 Betriebsstunden

Strom:
- Stromverbrauch im Objekt
- Rückspeisung ins öffentliche Netz, die Übernahme erfolgt durch den örtlichen Stromversorger
- Kombination beider Varianten
- Stromweiterverkauf

Wärme:
- Nutzung der Abwärme von Motor, Generator, Abgas und Schmieröl
- Heizungswasser-Vorlauftemperatur konstant (80–85 °C)
- Heizungswasser-Rücklauftemperatur maximal 70 °C
- Wärme für alle zentralbeheizten Gebäude (Heizung, Brauchwarmwasser, Schwimmbad, Prozeßwasser)
- Pufferspeicher ist nicht generell notwendig, je nach Betriebsweise und Wärmebedarf aber sinnvoll

Geräusch:
- Luftschallpegel 52–56 dB(A) in 1 m Abstand nach DIN 45 635, T1

- mehrstufig ausgelegte Körperschal dämmung
- abnehmbare Verkleidung zur Schall- und Wärmedämmung

Wartungsintervall:

- alle 3.000 (Heizöl/PME) bzw. 3.500 (Gas) Betriebsstunden

Wartungsumfang:

- Austausch von Verschleißteilen (z. B. Schmieröl, Filter, Zündkerzen, Einspritzdüsen)
- Prüfung und ggf. Einstellung des Ventilspiels
- Überprüfung von Funktion, Leistung und Betriebssicherheit
- bei Heizöl-HKA auch Wechsel des Rußfilters alle 2–3 Wartungszyklen

Regelung und Überwachung:

- Mikroprozessor-Regelung mit integrierter Netzüberwachungseinheit
- Überwachung der sicherheitsrelevanten Funktionen durch zwei sich gegenseitig überwachende Mikrocontroler, typgeprüft:
  - Gasnetz: Gasfluß, Startanzahl/Startzeit, Rückleistung, Gasmangel
  - Stromnetz: Spannungssteigerungsschutz, Spannungsrückgangsschutz, Phasenausfall, Phasenfolge, Frequenzsteigerungsschutz, Frequenzrückgangsschutz
  - Motor: Drehzahl
- Überwachung, Regelung und Steuerung der HKA und ihrer Funktion im Heiznetz und Stromnetz durch einen weiteren Mikrocontroler:
  - Überwachung: Fühlerkurzschluß, Fühlerunterbrechung, Motoröldruck, Zündaussetzer, Laufzeiten, Temperaturgrenzen, Programmdurchlauf
  - Regelung und Steuerung: HKA-Betrieb wärmegeführt bzw. stromoptimiert, externe Freigabemöglichkeit, Programmwahl entsprechend der Einbindungsvarianten, lastabhängige Umschaltung auf Heizkessel, automatische Tag-Nacht-Umschaltung, mit integrierter Uhr, programmier-

barer Stromlastgang, automatische Umschaltung auf Heizkessel bei Störung
- Kommunikation: Bedienfeld Regler, Ser-
vicegerät, Servicezentrale des EVU,
Modulbus, Stör- und Wartungsausgang
(potentialfrei), Modemanbindung
- Diagnose: aktuelle Meßwerte, kumulierte
Werte für Arbeit, Laufzeiten etc., Störhisto-
rie, Betriebszustände, Datenschreiber
- abgestimmter Anschluß von Lastmanagement
- Blindstromkompensation auf Wunsch

Normen:

- Einhaltung aller maßgeblichen EU-Richt-
linien zur CE-Zertifizierung (z. B. Maschinen-
sicherheit, Gasgerätesicherheit, elektromagnetische Verträglichkeit, Niederspannung)
- Gas-HKA mit DVGW-Qualitätszeichen
- Einhaltung der Schutzziele der VDEW-Richtlinie für den Parallel-Betrieb von Eigenerzeu-
gungsanlagen
- Einhaltung der VDEW-Richtlinie „Grundsätze
für die Beurteilung von Netzrückwirkungen"
- Sinngemäße Erfüllung der anzuwendenden
Anforderungen der einschlägigen DIN-Nor-
men der Heizungstechnik (z. B. Heizkessel,
Gas-/Heizöl-Feuerungsanlagen, Wasserhei-
zungs-Anlagen)
- Erfüllung der einschlägigen DIN-, VDE-, EN-
Normen (z. B. elektrische Gerätesicherheit,
elektrische Ausrüstung von Industriemaschi-
nen/Feuerungsanlagen, Generatoren,
Sicherheitstransformatoren)

Emissionen:

- Erdgas-HKA: NO_x: bei 5,5 kW* Unterschreitung der TA-Luft-Grenzwerte
bei 5,0 kW* Unterschreitung
des halben TA-Luft-Grenz-
wertes
Sonstige Emissionen (z. B. CO,
HC): unter TA-Luft

---

* bezogen auf DIN ISO 3046

                          – Flüssiggas-HKA: NO_x: Unterschreitung des
                                  halten TA-Luft-Grenzwertes

                          – Heizöl/Biodiesel-HKA: NO_x: Unterschreitung
                                  des TA-Luft-Grenz-
                                  wertes für stationäre
                                  Dieselmotoren
                                  Ruß: < 1 Bacharach
                                  Sonstige Emissionen
                                  (z. B. CO, HC):
                                  unter TA-Luft

Abgasführung:
– in den vorhandenen Hausschornstein (Doppelbelegung mit HKA und Kessel möglich)
– Anschluß an Kesselrauchrohr möglich
– Einführung drucklos (Injektor mit Nebenlufteinrichtung)
– bis zu drei Module können gemeinsam an eine Abgasführung angeschlossen werden
– in einer Abgasleitung (Einfachbelegung oder bis zu 3 HKA gemeinsam)

Aufstellungsort:
– Heizraum, besonderer Aufstellungsraum oder zugelassener Raum auf Grundlage der Muster-FeuVO bzw. der TRGI

Umgebungsbedingungen:
von +5 °C bis 40 °C

Verbrennungsluft:
Ansaugung aus dem Aufstellungsraum oder von der Raumluft unabhängig

Betriebsweise:
– bivalent-parallel, HKA zusammen mit vorhandenem Heizkessel
– Abdeckung von Grundlast/Dauerwärmebedarf durch HKA, Abdeckung des Spitzenwärmebedarfs durch Heizkessel
– monovalenter Betrieb technisch möglich (komplette Deckung des Haus-Wärmebedarfs durch HKA-Wärme und HKA-Strom) in Verbindung mit einem Pufferspeicher

Installation/ Anschlüsse:
– Vor- und Rücklauf der Heizwasserleitungen direkt in den Gesamtrücklauf des Heiznetzes ohne Zwischenwärmetauscher (Standardeinbindung)
– Brennstoffleitung (Erdgas/Heizöl)

– Stromleitung (Hausanschluß oder Netzüber-
   çabe)
– Abgasrohr zum Kamin oder Abgasleitung

Abmessungen   – Breite: 720 mm
ohne Regler: – Tiefe: 1.070 mm
                         – Höhe: 1.000 mm

Platzbedarf: – Standfläche 0,76 m²
                         – notwendige Freifläche einschließlich Service-
                           Begehfläche ca. 3,5 m²

Gewicht und   510 kg komplett auf Spezial-Transportpalette
Verpackung:

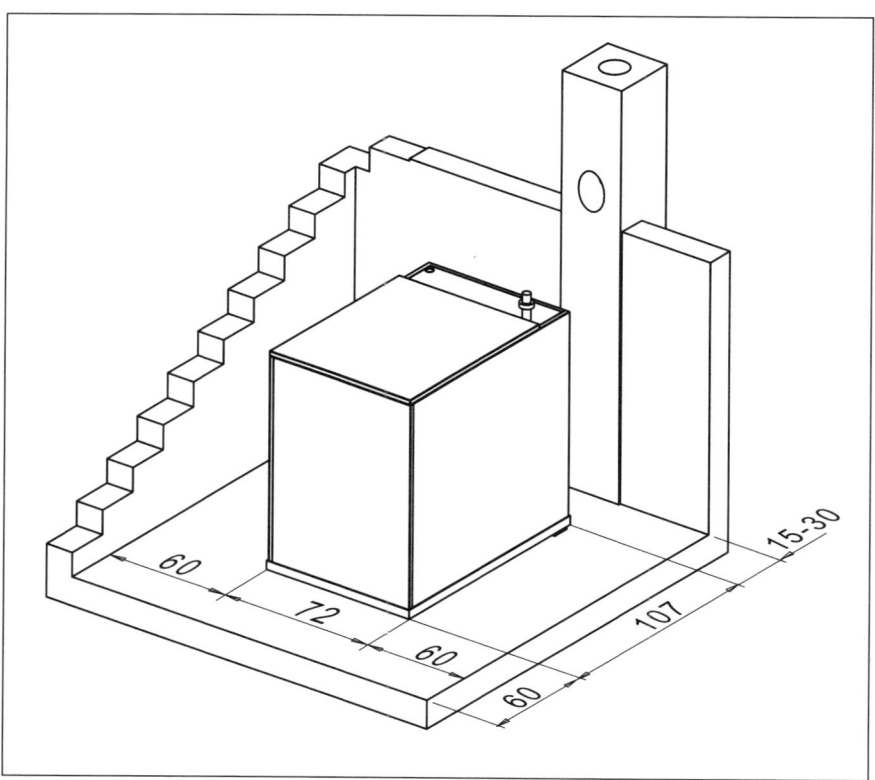

Abb. 4.3   HKA-Abmessungen und Platzbedarf

4.2 Aufstellung

Die Aufstellung ist auch in sehr beengten Räumlichkeiten möglich, weil nur eine Stellfläche von 1 m² und eine Freifläche für Servicearbeiten von 3,5 m² benötigt wird (Abbildung 4.3).

Die Abbildung 4.4 zeigt in einem Überblick die Anbindung (Schnittstellen) an die Heizungsanlage, an die Abgasanlage (Schornstein), an die Elektroanlage und die Brennstoffversorgung.

4.3 Einbindung in die Heizungsanlage

Die HKA wird in der Regel gemäß Abbildung 4.5 mit Vor- und Rücklauf in den Gesamtrücklauf der Heizungsanlage eingebunden, d. h. sie funktioniert im herkömmlichen Sinne als Rücklauftemperaturanhebung für die Kesselanlage. Die beim Heizungsanschluß entstehende Bypaßleitung sollte mindestens 30 cm lang sein. Die HKA wird mittels flexiblen Heizwasserschläuchen mit dem Heiznetz verbunden, um eine optimale Körperschallentkopplung zu erreichen.

Um die Takthäufigkeit gering zu halten und bei Spitzenlastzeiten die Laufzeit der HKA zu erhöhen, ist ein Pufferspeicher nach Abbildung 4.6 zu empfehlen. Die HKA lädt den Pufferspeicher nur, wenn keine oder wenig Wärmeanforderung aus dem Heiznetz vorhanden ist, der Betrieb der HKA jedoch, z. B. durch Strombedarf oder über den Speicherfühler, gefordert wird.

Die Größe des Pufferspeichers wird durch die geforderte Laufzeit für die Spitzenstromabdeckung bestimmt. Die Tabelle 4.1 zeigt einige Dimensionierungsbeispiele.

Bei Einsatz von Wärmemengenzählern reicht die Förderhöhe der internen HKA-Umwälzpumpe (Motorkühlwasserpumpe ist auch Heizungsvordruckpumpe) für die Umwälzung der erforderlichen Wassermengen nicht mehr aus. In diesem Fall ist eine zusätzliche Heizungsumwälzpumpe mit einer zweiten Bypaßleitung gemäß Abbildung 4.7 zu montieren.

Tab. 4.1   Dimensionierung eines Schichten-Pufferspeichers

Geforderte Laufzeit	1 Stunde	2 Stunden	3 Stunden	4 Stunden
Puffergröße in Liter bei $\Delta t = 30\,°C$ u. 2/3 ladbar	500	1.000	2.500	4.000
bei $\Delta t = 50\,°C$	300	600	1.800	2.400

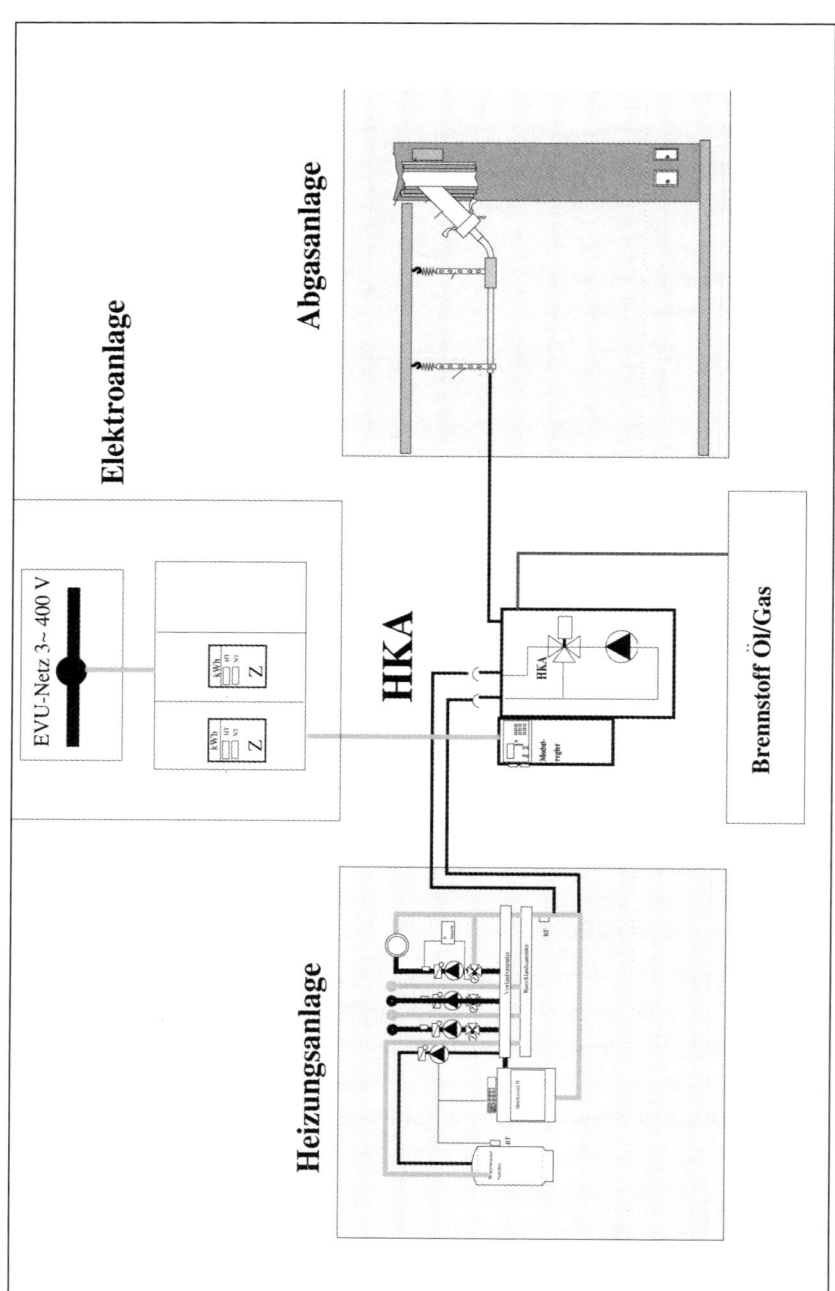

Abb. 4.4   Schnittstellen

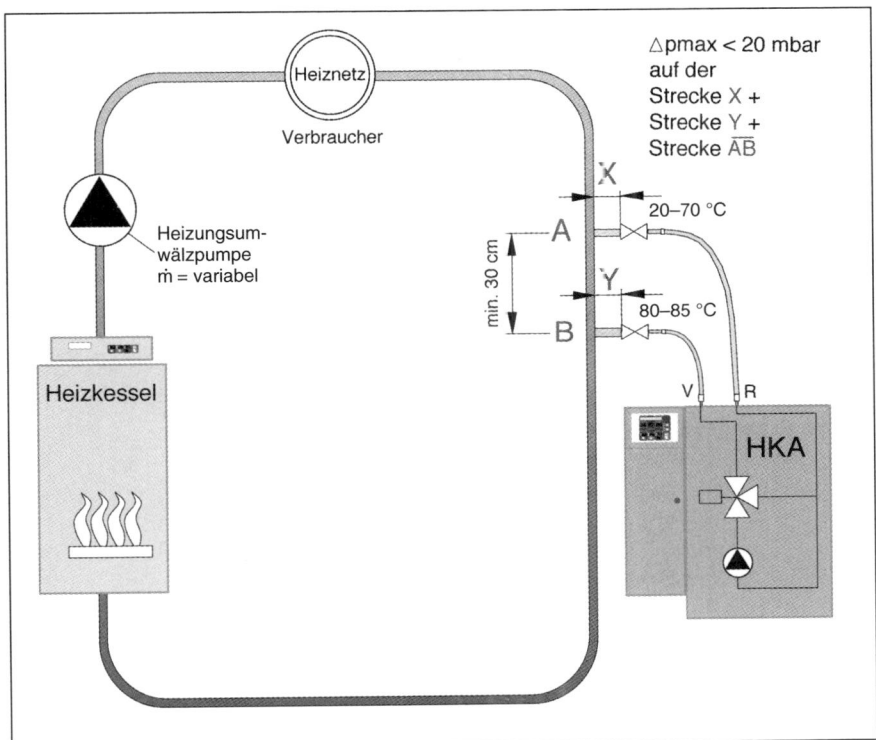

Abb. 4.5   Einbindung in die Heizungsanlage

Der Einbau eines Wärmemengenzählers ist nur dann sinnvoll, wenn:

• die gelieferte Wärme der HKA gesondert abgerechnet werden muß
• zusammen mit der Stromerzeugung und dem Brennstoffverbrauch eine Kontrolle des Gesamtnutzungsgrades notwendig sein sollte.

4.4 Elektrotechnische Einbindung, Einspeisung und Regelung

4.4.1 Netzanschluß

Vor Installationsbeginn ist die Einbindung der HKA betreffend Arbeitsumfang und Ausführung mit dem örtlichen Energieversorger abzuklären und festzulegen. Die Information, ob und in welcher Höhe bei einer Einspeisung ins Gebäude eine Rückspeisung erwartet werden muß, erhält man am besten über

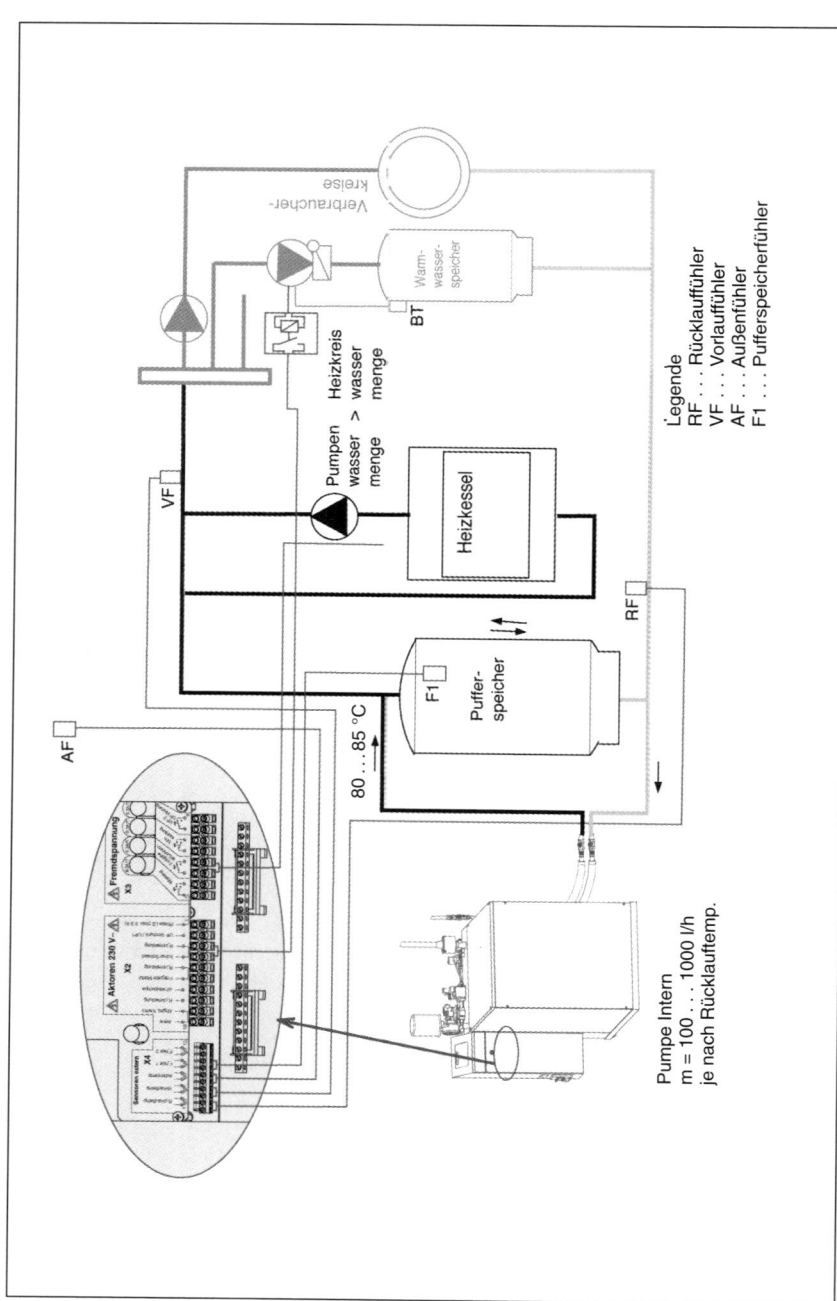

Abb. 4.6   HKA-Einbindung mit Pufferspeicher

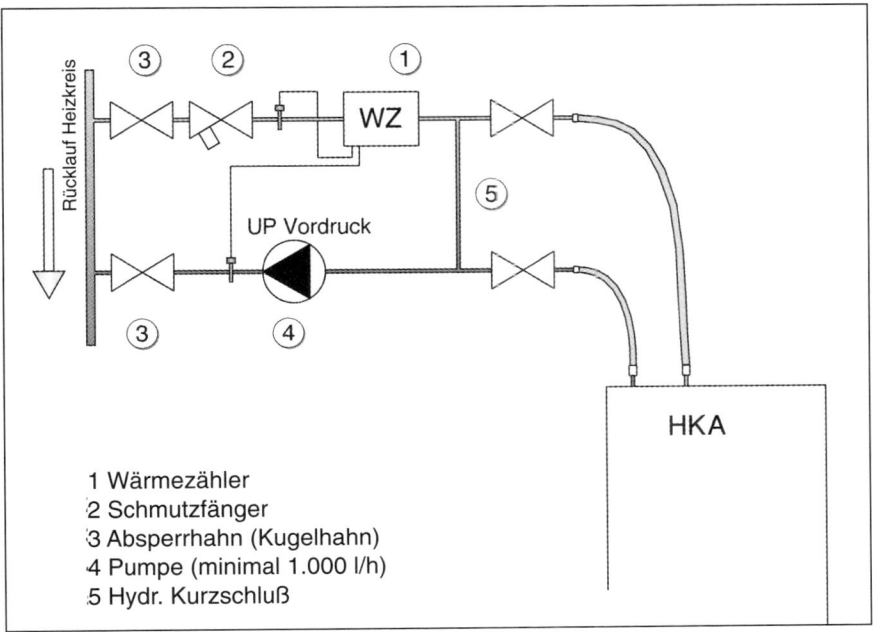

1 Wärmezähler
2 Schmutzfänger
3 Absperrhahn (Kugelhahn)
4 Pumpe (minimal 1.000 l/h)
5 Hydr. Kurzschluß

Abb. 4.7   Einbau eines Wärmemengenzählers

eine vorher durchgeführte Lastgangmessung. Die Installation ist nach den örtlichen Technischen Anschlußbestimmungen (TAB) des Energieversorgers auszuführen und vor der Inbetriebnahme vom Installationsbetrieb beim Energieversorger anzumelden (Kap. 8, CD zum Buch).

Der Netzanschluß und die Anschlüsse für die Aktoren und Sensoren ist an den jeweils vorgesehenen Anschlußklemmen in der Regel- und Überwachungseinheit gemäß einem Installations- und Klemmenplan auszuführen.

Für den Netzanschluß (3/N/PE AC 400 V / 50 Hz) der HKA ist in der Regel eine Mantelleitung NYM 5 x 2,5 mm^2 unter Berücksichtigung der gebäudeseitigen Installationsbedingungen (Umgebungstemperatur, Spannungsabfall usw.) zu verlegen.

Der Installationsumfang für die Einspeisung des erzeugten elektrischen Stromes der HKA innerhalb eines Gebäudes oder in das öffentliche Netz ist abhängig von der Anzahl der Module, den gebäudeseitigen Bedingungen sowie der gewählten Netzanschlußvariante.

Am gewählten gebäudeseitigen Netzanschlußpunkt für die Einspeisung des erzeugten Stromes ist die Netzanschlußleitung für eine HKA mit 3 x 20 Ampere Neozedsicherung abzusichern.

Ein FI-Schutzschalter ist nur zu installieren, wenn er je nach örtlichen Technischen Anschlußbedingungen (TAB) oder durch eine zusätzliche Schutzvorschrift gefordert wird.

Die HKA ist gemäß den örtlichen Technischen Anschlußbedingungen (TAB) in den gebäudeseitigen Potentialausgleich mit einzubeziehen.

Für die HKA ist außerhalb des Aufstellungsraumes eine Abschaltvorrichtung als

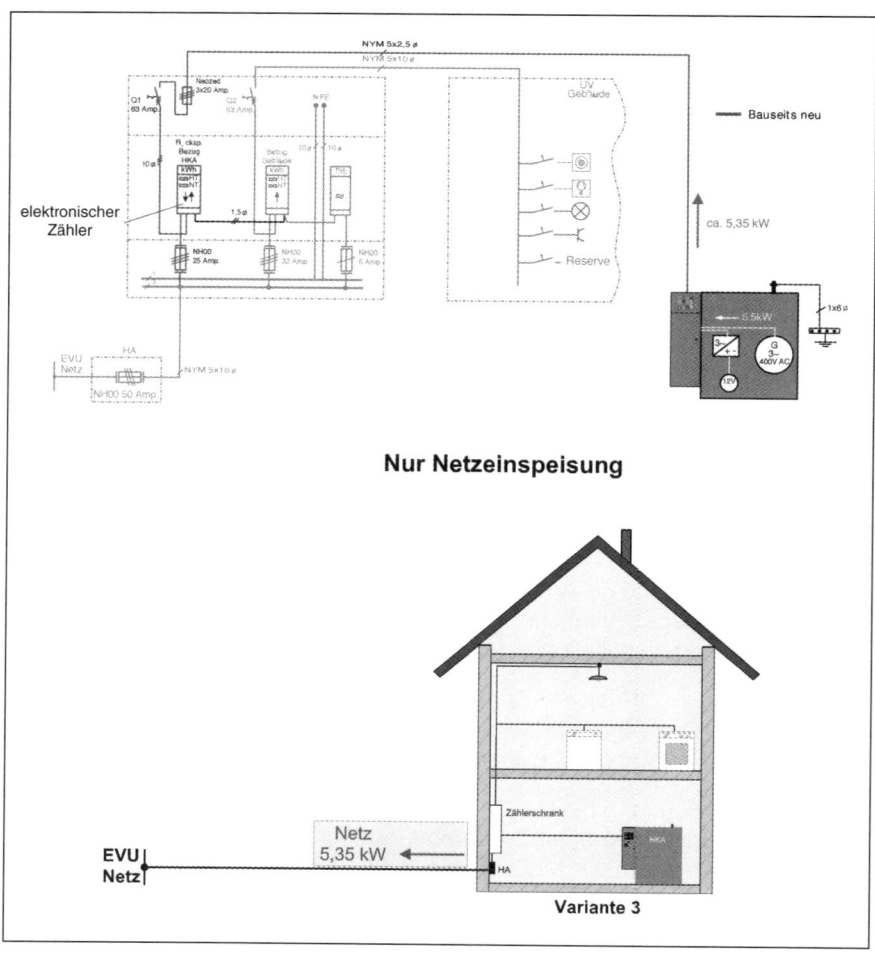

Nur Netzeinspeisung

Variante 3

Abb. 4.8   **Einspeisung des erzeugten Stromes in das öffentliche Netz eines Energieversorgers**

Haupt-/Not- bzw. Gefahrenschalter notwendig. Die vorhandene Abschaltein-richtung ist vorzugsweise mit einzubinden. Entsprechend den örtlichen Gege-benheiten kann zwischen verschiedenen Installationsvarianten gewählt wer-den, die sich hinsichtlich der Sensoren, der 230-V-Aktoren und der potential-freien Kontakte unterscheiden.

4.4.2 Stromeinspeisung

Stromeinspeisung in das öffentliche Netz

Bei der Netzanschlußvariante „Einspeisung des erzeugten Stromes in das öf-fentliche Netz eines Energieversorgers" (Abbildung 4.8) wird in der Regel vom zuständigen Energieversorger jeweils ein Rückspeise- und ein Bezugszähler (in der Regel schon installiert) gefordert. Beide Zähler müssen eine Rücklauf-sperre haben. Zusätzlich ist je nach Tarifwahl eine Tarif-Steuer-Einheit (TSE) erforderlich, sofern eine vorhandene Tarif-Steuer-Einheit nicht mitbenutzt wer-den kann.

Wenn der zuständige Energieversorger elektronische Zähler einsetzt, emp-fiehlt es sich, in der Praxis aus Platz- und Kostengründen für den Rückspeise- und Bezugszähler einen elektronischen Zähler, der beide Zählrichtungen ver-eint, einzusetzen.

Stromeinspeisung in das Objekt und in das öffentliche Netz

Die erzeugte elektrische Leistung wird sowohl in das Objekt als auch in das öf-fentliche Netz eingespeist. Diese Einbindung wird gewählt, wenn die elektri-sche Grundlast < 5,35 kW ist und eine Rückspeisung häufiger zu erwarten ist. Zusätzlich ist je nach Tarifwahl eine Tarif-Steuer-Einheit (TSE) erforderlich, so-fern eine vorhandene Tarif-Steuer-Einheit nicht mitbenutzt werden kann (Ab-bildung 4.9).

In der Regel wird vom Energieversorger nur dann ein Rückspeisezähler gefor-dert, wenn die überschüssig erzeugte Leistung in das öffentliche Netz einge-speist und vergütet werden soll. Der Bezugszähler muß eine Rücklaufsperre haben.

Die erzeugte Stromarbeit wird in der HKA-Regel- und -Steuereinheit mit hoher Genauigkeit angezeigt.

Ob für den erzeugten Strom der HKA ein Zwischenzähler installiert wird, liegt im Ermessen des Betreibers.

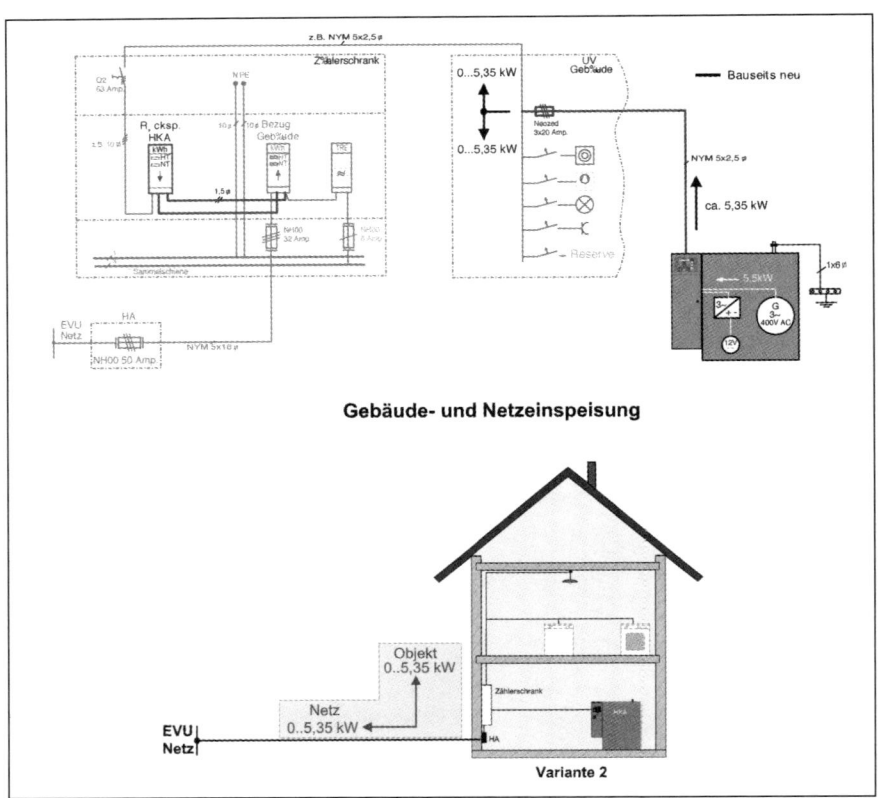

Abb. 4.9   Netzanschlußprinzip: Gebäude- und Netzeinspeisung

Stromeinspeisung nur in das Gebäude

Die erzeugte elektrische Leistung wird nur in das Gebäude eingespeist. Eventuell auftretende Rückspeisungen in das öffentliche Netz werden nicht gezählt und können damit auch nicht verrechnet werden. Es wird kein zusätzlicher Stromzähler benötigt. Der Bezugszähler muß eine Rücklaufsperre haben. Diese Einbindung ist die kostengünstigste und wird dort eingesetzt, wo keine oder nur in sehr geringem Umfang auftretende Einspeisung in das öffentliche Netz zu erwarten ist. Die elektrische Grundlast sollte daher > 5,35 kW sein. Das Netzanschlußprinzip „nur Gebäudeeinspeisung" zeigt Abbildung 4.10.

Vor Installationsbeginn ist die Netzanbindung einer HKA betreffend Arbeitsumfang und Ausführung mit dem örtlichen Energieversorger abzuklären und festzulegen.

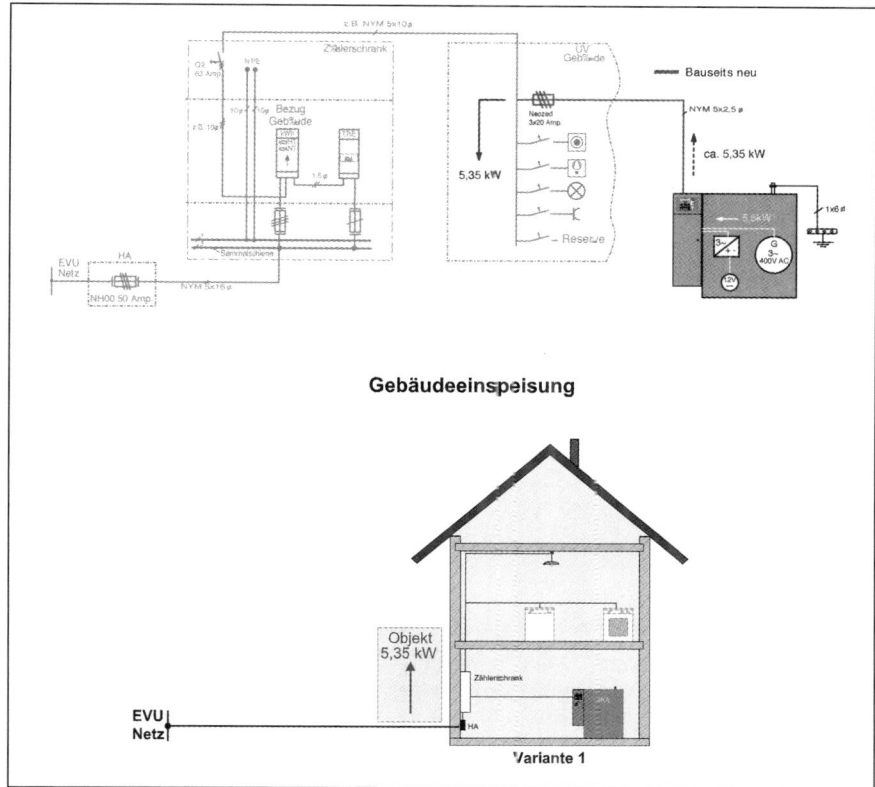

Abb. 4.10   Netzanschlußprinzip: nur Gebäudeeinspeisung

**Stromeinspeisung in ein 3-phasiges Inselnetz
mit Wechselrichterausgang**

Die erzeugte elektrische Leistung wird in Gebäude und Objekte eingespeist, die vom EVU-Netz unabhängig betrieben werden sollen oder ohne öffentliche Stromversorgung sind. Dazu gehören z. B.:

- Bewirtschaftete Almhütten
- Wohnhäuser
- Ferienhäuser (Inland/Ausland)
- Kleine landwirtschaftliche Anwesen
- Kleine Gewerbebetriebe/Geschäftshäuser

Die inselbetriebsfähige HKA stellt zusammen mit drei einphasigen Wechselrichtern, die zu einem Drehstromnetz verschaltet werden, und einer Batterieanlage die Stromversorgung eines Gebäudes dar (Abbildung 4.11). Die stän-

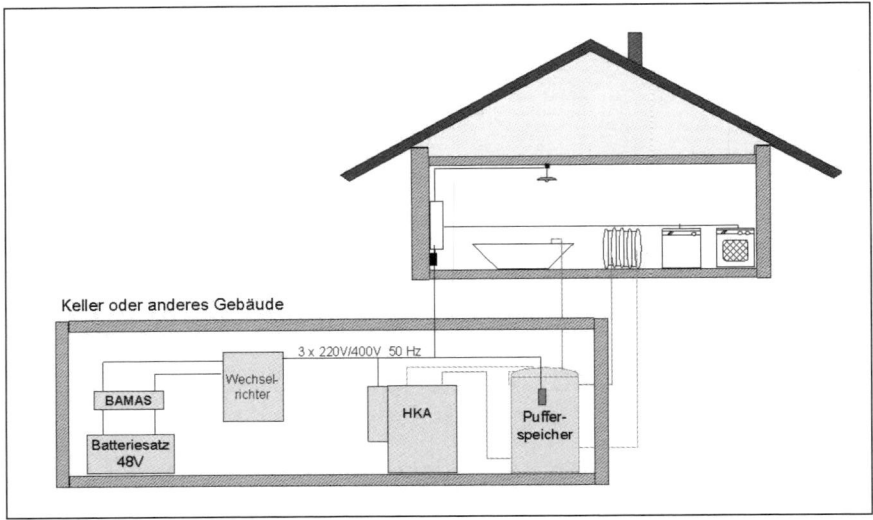

Abb. 4.11   **Stromeinspeisung in ein Inselnetz mit Wechselrichterausgang**

dig verfügbare elektrische Leistung resultiert aus der Dauerleistung der Wechselrichter, sofern die Batterien geladen sind. Bei Betrieb der HKA steht als verfügbare Leistung die HKA-Leistung plus die Dauerleistung der Wechselrichter
zur Verfügung. Die vorhandene Batteriekapazität bestimmt die Versorgungs-
dauer in Abhängigkeit der Verbrauchsleistung bei Stillstand der HKA. Bei Einbindung der HKA in ein Heizsystem mit Pufferspeicher kann auch die Wärmeversorgung des Gebäudes abgedeckt werden.

4.4.3 Regelung

Der Regler enthält eine Mikroprozessor-Regelung für alle Steuer-, Regel- und
Sicherheitsfunktionen. Integriert ist eine Betriebsdatenerfassung mit Ser-
viceinformationen. Je nach Wahl der Heizungsanbindung können verschie-
dene regelungstechnische Einbindungen gewählt werden. Die einstellbaren
Reglerprogramme beinhalten Standardparameter, die jedoch individuell an-
paßbar sind. Der überwiegende Teil aller Einsatzfälle wird mit der Variante
„HKA-Einbindung STANDARD in den Rücklauf mit Kesselfreigabe" abgedeckt
(Abbildung 4.12).

Diese Standardeinbindung hat fünf Eingänge für den Regler: Vorlauftempera-
turfühler, Rücklauftemperaturfühler, Außentemperaturfühler, Freigabe Heizkessel, Anforderung hoher Sollwert (bei Brauchwarmwasserbereitung). Die Betriebsweise kann dann durch folgende Punkte zusammengefaßt werden:

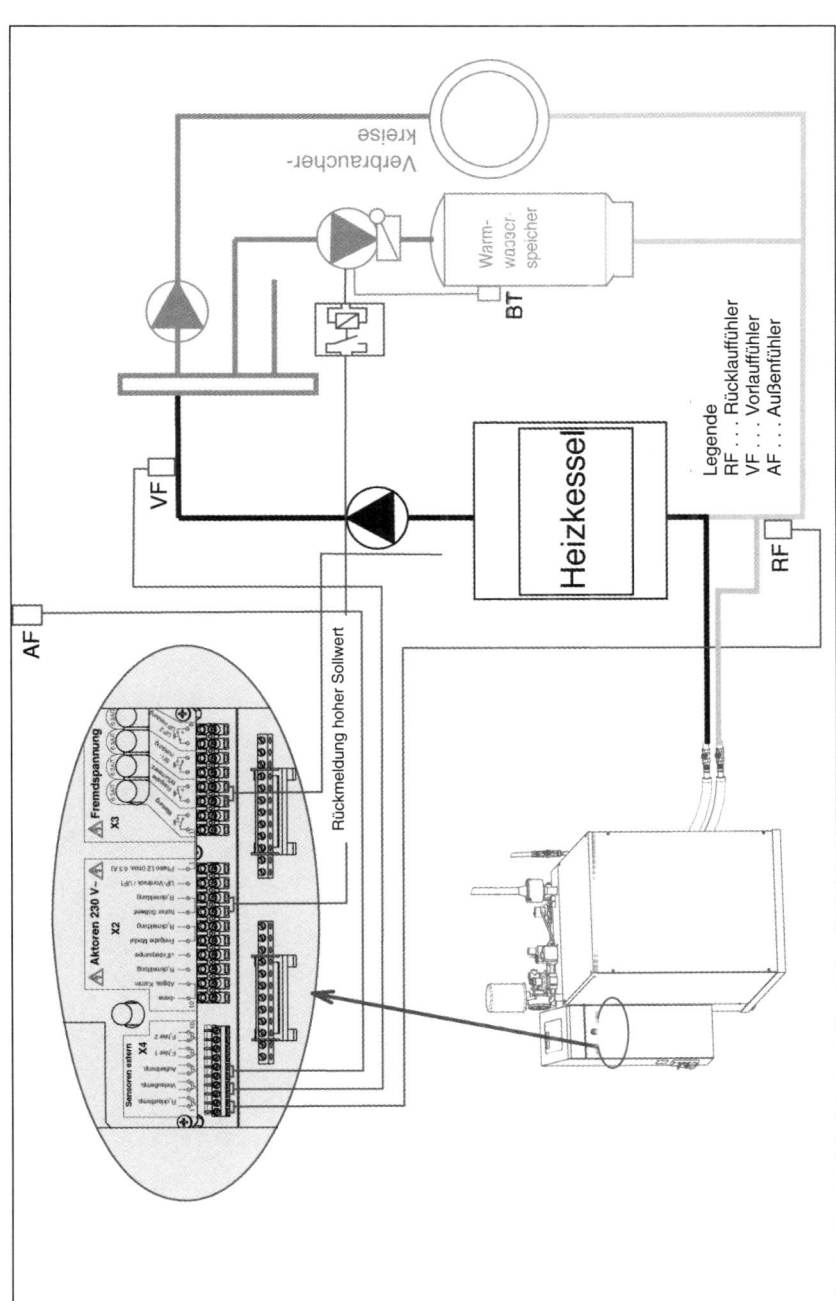

Abb. 4.12   Regelungstechnische Standardeinbindung

- Die HKA entnimmt eine Teilwassermenge aus dem Rücklauf und speist wieder mit ca. 80 °C ein.
- Über den Rücklauffühler wird die HKA angefordert. Der Sollwert bestimmt sich aus der eingestellten Heizkurve oder aus den Eingängen „Lastgang", „Modulfreigabe" oder „Anforderung hoher Sollwert".
- Bei einem Wärmebedarf < HKA-Heizleistung taktet die HKA mit einer Temperaturhysterese von 6 K. Nach dem Start muß mindestens eine Laufzeit von 10 Minuten vergangen sein, bevor die HKA über den eingestellten Sollwert abschaltet. Bei einer Rücklauftemperatur > 73 °C wird sofort abgeschaltet.
- Wird die geforderte Vorlauftemperatur nach einer einstellbaren Zeit nicht erreicht, erfolgt die Freigabe des Heizkessels. Die Freigabe ist stetig (Regelthermostat Heizkessel oder eigene Heizkurve) oder witterungsgeführt an der HKA-Regelung wählbar.
- Der Heizkessel wird wieder gesperrt, wenn die Außentemperatur 2 K über den Wert bei der Freigabe gestiegen ist oder wenn der Heizkessel für 30 Minuten nicht mehr angesteuert wurde.
- Die Steuerung der Brauchwarmwasserbereitung erfolgt mit der Regelung des Heizkessels oder mit einer sonstigen externen Regeleinrichtung.
- Bei gesperrter HKA, z. B. durch Lastgang, übernimmt der Heizkessel die Wärmeversorgung.
- Mit dem Eingang Freigabe Modul kann die HKA gesperrt werden. Der Heizkessel übernimmt dann die Wärmeversorgung des Objektes.

Entsprechend den örtlichen Verhältnissen können noch weitere Einbindungsvarianten eingestellt werden:

⇒ HKA-Einbindung STANDARD in den Rücklauf ohne Kesselfreigabe
⇒ HKA-Einbindung für 2-Kessel-Anlage mit Kesselfreigabe
⇒ HKA-Einbindung mit Pufferspeicher als Laufzeitspeicher
⇒ HKA-Einbindung mit Pufferspeicher als Spitzenstromspeicher
⇒ Monovalente Einbindung
⇒ Mehrmoduleinbindung
⇒ HKA-Einbindung mit Brennwertkessel
⇒ HKA im Inselbetrieb

4.5 Brennstoffversorgung

4.5.1 Gasanschluß

Die Gas-HKA wird mittels flexiblem Schlauch, einem Kugelhahn und Brandschutzventil DN 15 und einer Rohrleitung DN 15 (1/2 Zoll) mit dem Erdgasnetz (H- oder L-Qualität) oder dem Flüssiggastank verbunden (Abbildung 4.13).

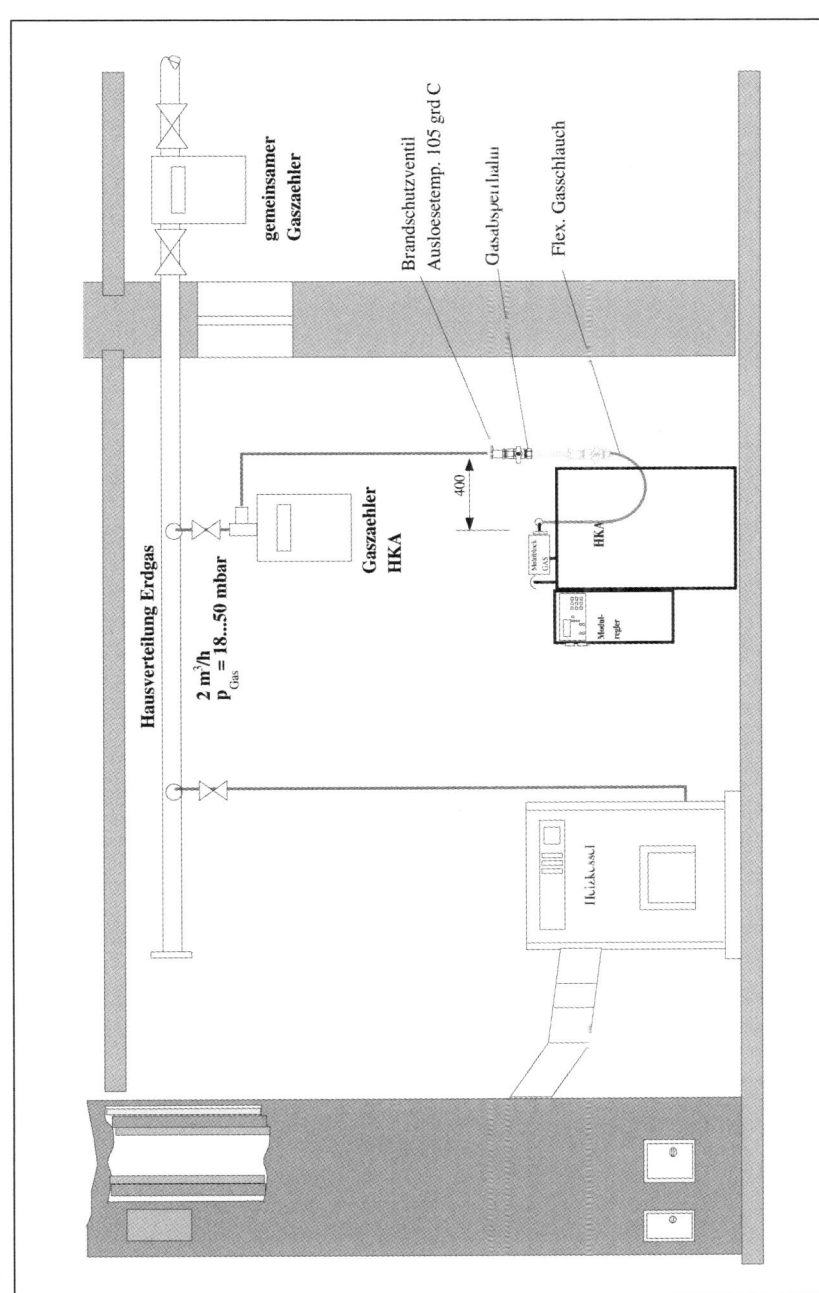

Abb. 4.13   Gasanschluß der HKA

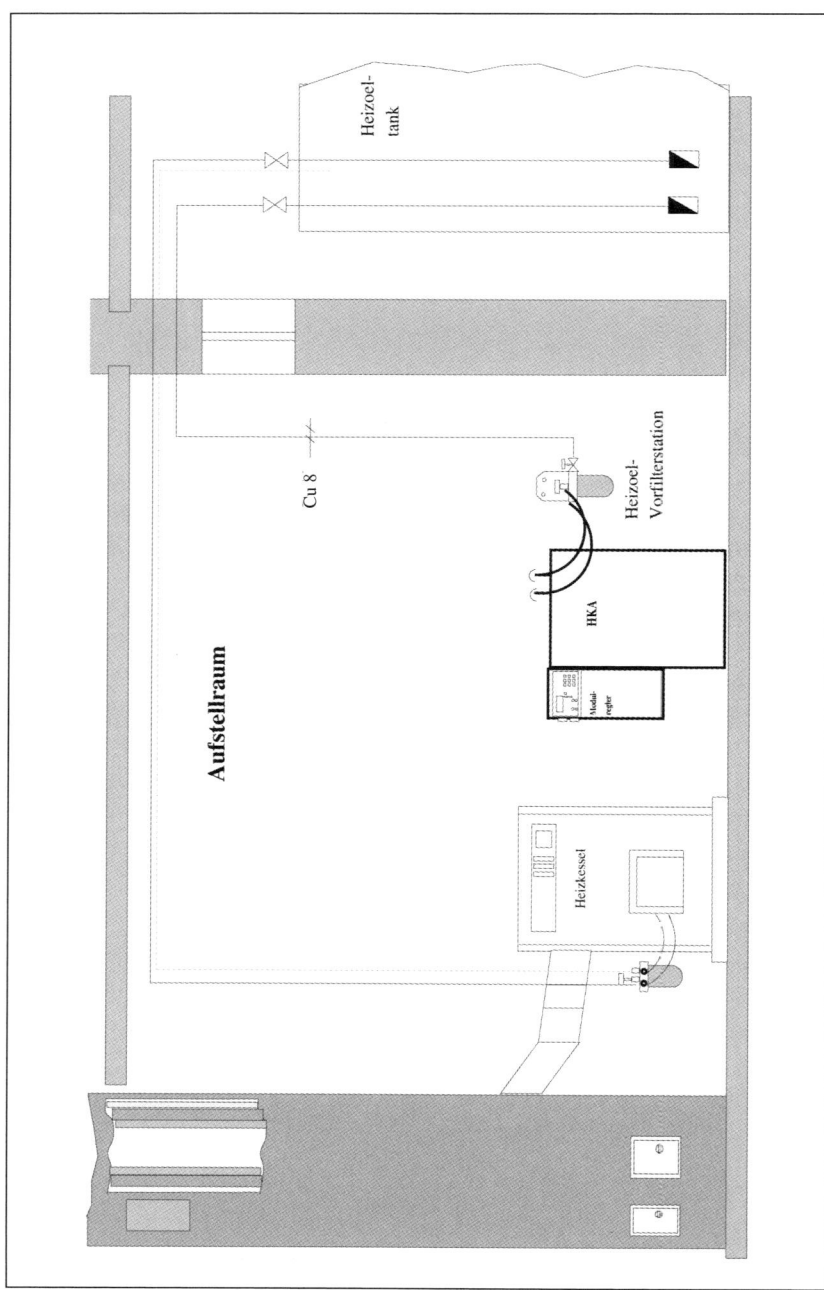

Abb. 4.14   Heizöl- bzw. Biodieselanschluß

Der maximal zulässige Gasnetz-Vordruck beträgt 100 mbar. Bei höherem Gasnetzdruck ist ein zusätzlicher Gasdruckregler zu installieren, mit dem der Gasdruck auf 18–24 mbar eingestellt werden kann.

Ob ein Gaszähler installiert wird, liegt im Ermessen des HKA-Betreibers. Geeignet ist z. B. ein Gaszähler Typ G4, der in der Regel vom zuständigen Gasversorgungsunternehmen gestellt wird.

Ob der Gaszähler vor oder hinter dem vorhandenen Hauptzähler einzubinden ist, kann je nach Einsatzobjekt und Abrechnungsart unterschiedlich gehandhabt werden. Bei Flüssiggas erfolgt die Abrechnung über die getankte Menge.

4.5.2 Heizöl- und Biodieselanschluß

Es gelten die einschlägigen Normen für die Verlegung von Heizölleitungen. Die Heizöl-HKA wird mittels einer Vorfilter-Station und zweier flexibler Anschlußschläuche an die Heizöl- bzw. Biodieselversorgung angeschlossen (Abbildung 4.14). Vom Tank bis zur Vorfilter-Station wird ein 1-Strang-System verlegt.

4.6 Abgasanschluß der HKA

Die Abgase der HKA werden in der Regel drucklos über Schornsteine abgeführt (Abbildung 4.15). Vorzugsweise geschieht das über vorhandene freie

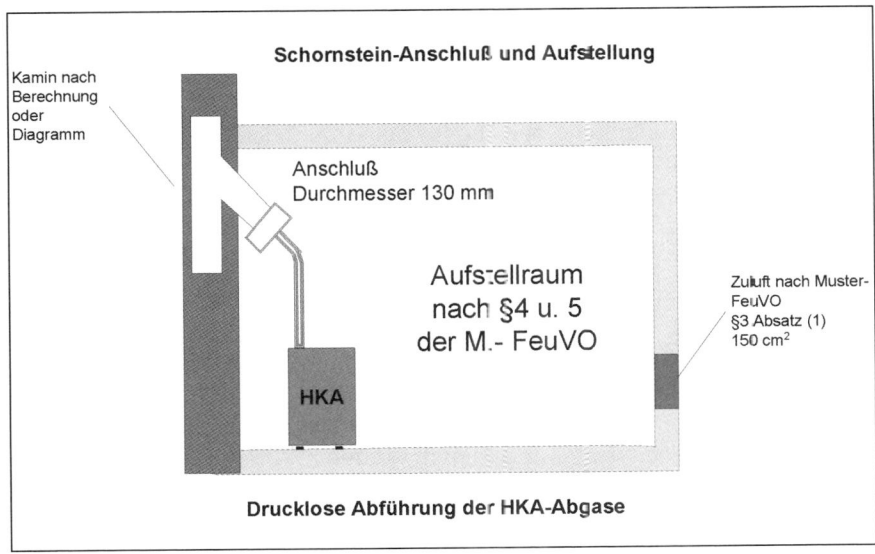

Abb. 4.15 Abgasführung mit einem Einführungsstück

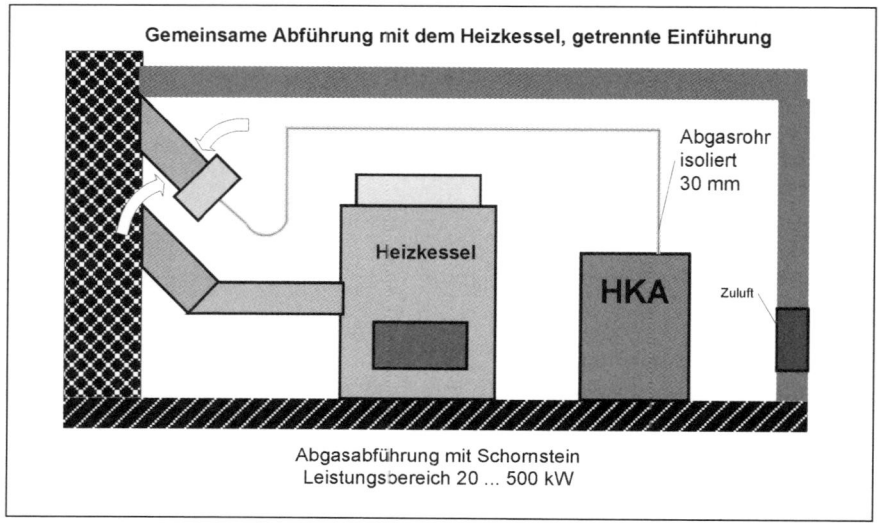

Abb. 4.16   Abgasführung für ein HKA-Modul gemeinsam mit dem Heizkessel drucklos in den Kamin

Schornsteine. Die Abgase von bis zu drei Modulen können in ein passendes
Kamineinführungsstück geleitet werden.

Es ist aber auch eine gemeinsame oder gemischte Belegung von Schornstei-
nen mit Heizkesseln möglich (Abbildung 4.16).

Ebenso kann die Einführung der Abgase der HKA in das Kesselrauchrohr erfolgen. Es kann auch eine Abführung über eine Abgasleitung unter Überdruck
vorgesehen werden.

Die Abgasführung sowie die entsprechenden Auswahldiagramme (basierend
auf Berechnungen nach DIN 4705) sind typgeprüft und zugelassen.

Die geeignete Anschlußvariante wird mit Hilfe der Projektierungsunterlagen der
HKA ausgewählt.

Die jeweilige Schornsteinbelegung sollte vor der Installation mit dem zuständigen Schornsteinfegermeister abgestimmt werden.

4.7 Betriebsweise

Wie in der Produktion üblich, wird auch für die HKA eine hohe Auslastung angestrebt. Die Benutzungsdauer sollte daher über 4.000 Stunden je Jahr liegen. Aus energieökonomischen Gründen ist bei der HKA eine wärmegeführte Betriebsweise zwingend, aus Kostengründen kann sich aber auch eine Stromführung nach programmierbarem Lastgang als Vorteil erweisen. Dabei bleibt die Wärmeführung immer überlagert. Der Rücklaufsollwert wird auf den höchstmöglichen Wert eingestellt. Die Betriebsweise hängt von der HKA-Einbindung und der Einstellung des Reglers ab (Kap. 4.4 3). Bei der HKA-Einbindung unterscheidet man grundsätzlich:

- A Ohne Ansteuerung des Wärmeerzeugers (Heizkessel) für einen Leistungsbereich über 150 kW
- B Mit Ansteuerung des Wärmeerzeugers (Heizkessel) für einen Leistungsbereich von 40 bis 150 kW

Im Fall der Einbindung A ist im Regelfall der Grundwärmebedarf über 12 kW und der Sockelstrombedarf über 5,5 kW. Bei einem Strombedarf kleiner 5,5 kW kann zeit- oder lastgesteuert die HKA gesperrt werden. Die HKA kann daher wärme- oder stromgeführt werden. Im Fall der Einbindung B werden die HKA und der Heizkessel witterungsabhängig freigegeben. Der HKA-Regler reguliert die Wärmeerzeugung und bei hohem Wärmebedarf wird der Heizkessel zugeschaltet. Bei reinem Brauchwarmwasserbedarf wird der Sollwert angehoben. Die HKA ist streng wärmegeführt. Eine Stromoptimierung ist nur in Verbindung mit einem Pufferspeicher möglich. Auch bei einer stromgeführten Betriebsweise wird keine Wärme „vernichtet".

4.8 Wartung

Umfangreiche Feldtests (Kap. 9) haben ergeben, daß alle 3.500 (Gas) bzw. alle 3.000 (Heizöl) Betriebsstunden eine Regelwartung erforderlich ist.

Bei der Regelwartung werden Hauptarbeiten durchgeführt wie Ölwechsel, Filterwechsel (Öl-, Luft/Gas-Filter), Zündkerzenwechsel (Gas), Düsenwechsel (Heizöl), Rußfiltertausch (Heizöl nach 2–3 Wartungen) sowie Prüf- und ggf. Einstellarbeiten an Ventilen, Gasregler, Drosselklappe, Zündung, Heizungsregler und Netzüberwachung. Außerdem erfolgt eine Gesamtkontrolle des Gerätes u. a. mit Hilfe der intern im Regler registrierten Informationen, die mit dem Serviceprogramm ausgelesen und auf Diskette gespeichert werden. Z. B. mit Hilfe einer Fernüberwachung ist eine solche Kontrolle kontinuierlich möglich. Dazu gibt es abgestimmte Geräte, die der Hersteller empfiehlt. Die erfaßten Daten dienen auch dazu, Energiebilanzen und Störbilanzen zu erstellen.

Ein detaillierter Wartungsablauf mit allen durchzuführenden Arbeiten ist in der Tabelle 4.2 für eine Erdgas-HKA aufgeführt. Der Wartungsaufwand beinhaltet Material und Arbeitszeit.

Die Kosten für 1 HKA-Modul betragen inkl. Arbeitszeit, Rüstzeit und Anfahrtskosten rd. 400 DM bei der Gas-HKA und 650 DM bei der Heizöl/RME-HKA.

Tab. 4.2   Wartungsablauf alle 3.500 Stunden für das Erdgas-HKA

Pos.	Durchzuführende Arbeiten
1.	Dichtheitskontrolle: Atmungsdüse Multiblock
2.	Schallkapsel öffnen
3.	Dichtheitskontrolle: Abgas
4.	Geräuschverhalten prüfen
5.	HKA abschalten
6.	Dichtheitskontrolle: Motorenöl – Generator
7.	Dichtheitskontrolle: Motorenöl – Motor
8.	Dichtheitskontrolle: Heizwasser
9.	Schmierölfilter wechseln
10.	Ventildeckel öffnen
11.	Verschlußschraube Schmieröltank öffnen
12.	Schmieröl absaugen
13.	Zündkerzentausch (bei jeder 2. Wartung)
14.	Zündkerzensteckertausch (bei jeder 2. Wartung)
15.	Luftfilterwechsel
16.	Generatorlager nachfetten
17.	Ventilspiel prüfen und ggf. korrigieren
18.	restliches Schmieröl absaugen
19.	Verschlußschraube Schmieröltank verschließen (nur handfest)
20.	Schmieröl einfüllen
21.	Ventildeckel schließen
22.	Nach Probelauf Schmierölstand prüfen und Verschlußschraube fest anziehen
23.	Ventildeckel, Verschlußschraube Schmieröltank und Deckel Schmieröl auf Dichtheit prüfen

Im Rahmen eines Wartungsvertrages können die Regelwartungen als Kosten je erzeugte kWh festgelegt werden. Damit ergeben sich ca. 2,1 Pf/kWh bei Gasanlagen. Die Wartungskosten für die Diesel-HKA liegen wegen des notwendigen Wechsels des Rußfilters bei ca. 4,2 Pf/kWh. Dieser Nachteil wird meist durch den spezifisch niedrigeren Heizölpreis ausgeglichen (Abbildung 7.6). Mit der dem Buch beiliegenden CD können im Rahmen der Wirtschaftlichkeitsberechnung Wartungskosten-Richtwerte eingegeben werden.

Zusätzlich zu den Regelwartungen können Verträge mit beinhalteter Instandhaltung gewünscht werden. Dazu liegt für die SenerTec-HKA, bedingt durch die über 10 Jahre langen Erfahrungen mit vielen Vorserienanlagen, eine hohe Sicherheit der Kostenkalkulation vor. Die Kostenrechnung über 10 Jahre Betrieb mit maximal 40.000, 60.000 und 80.000 Stunden Laufzeit führt ebenfalls zu Richtwerten, die Ihnen per beiliegender CD an die Hand gegeben werden.

Eine genaue Kalkulation der Wartungs- und Instandhaltungskosten können vom Hersteller autorisierte Partnerbetriebe oder der Hersteller selbst durchführen.

4.9 Zusatzkomponenten

4.9.1 Abgaswärmetauscher

Die HKA ist mit einem kombinierten Schmieröl- und Abgaswärmetauscher ausgerüstet. Damit beträgt die Temperatur des Abgases am HKA-Austritt ca. 150 °C. In der Regel werden die Abgase drucklos über einen Kamin oder eine Abgasleitung abgeführt.

Mit einem zweiten, extern angebrachten Wärmetauscher kann zusätzlich ein Teil der Kondensationswärme des Abgases genutzt werden. Mit einer Heizungsrücklauftemperatur von z. B. 35 °C kann eine Abgastemperatur von ca. 40 °C nach diesem zusätzlichen Wärmetauscher und damit ein mit Brennwertkesseln vergleichbarer Kondensationsgrad von ca. 50 % (bei Gasbetrieb) erreicht werden. Der Gesamtwirkungsgrad, bezogen auf den unteren Heizwert des Brenngases, läßt sich damit von 88 auf über 100 % steigern.

Aber auch bei einer hohen Heizungsrücklauftemperatur und damit sehr geringem Kondensationsgrad kann der Einsatz eines Abgaswärmetauschers insofern sinnvoll sein, daß man durch die Reduzierung der Abgastemperatur eine kostengünstige Abgasleitung vom Typ A einsetzen kann und dadurch einen neuen Kamin bzw. eine teure hochtemperaturfeste Abgasleitung einspart.

Der Anschluß der HKA an einen zusätzlichen Abgaswärmetauscher ist nur in Einzelbelegung zulässig. Eine gemeinsame Abgasführung mit einem Heizkessel ist nicht möglich. Beim Anschluß der HKA an einen solchen Wärmetauscher sind folgende Randbedingungen zu beachten:

• Die Abgasführung muß über eine druckdichte und feuchteunempfindliche Abgasleitung mit bauaufsichtlicher Zulassung erfolgen.
• Der Mindestdurchmesser der nachfolgenden Abgasleitung beträgt 70 mm. Der Druckverlust in der Abgasleitung darf maximal 50 Pa betragen.
• Das Abgaskondensat muß ordnungsgemäß abgeführt werden. Dabei sind die wasserrechtlichen Vorschriften der Länder und die Satzungen der örtlichen Entsorgungsunternehmen zu beachten.
• Die Vorschriften bzgl. regelmäßiger Reinigungs- und Wartungsarbeiten an dem Wärmetauscher sind zu beachten.

Der mögliche Wärmegewinn durch einen zusätzlichen Wärmetauscher ist den Tabellen 4.3 und 4.4 zu entnehmen.

Tab. 4.3   HKA-Öl

Annahmen: 1 HKA, T_{Abgas} = 150 °C, Heizölverbrauch 1,9 l/h, M_{Abgas} = 42,9 kg/h

Rücklauftemperatur	20 °C	35 °C	50 °C	60 °C
Abgastemperatur	25 °C	40 °C	55 °C	65 °C
Kondensationsgrad	60 %	20 %	0 %	0 %
Wärmegewinn	2,2 kW	1,6 kW	1,1 kW	1,0 kW

Tab. 4.4   HKA-Gas

Annahmen: 1 HKA, T_{Abgas} = 150 °C, Erdgasverbrauch 2 m³/h, M_{Abgas} = 40,8 kg

Rücklauftemperatur	20 °C	35 °C	50 °C	60 °C
Abgastemperatur	25 °C	40 °C	55 °C	65 °C
Kondensationsgrad	80 %	50 %	5 %	0 %
Wärmegewinn	3,3 kW	2,5 kW	1,2 kW	1,1 kW

Bei 100%iger Kondensation entstehen ca. 1,5 Liter Kondensat pro m³ Erdgas (–> bei 1 HKA ca. 3 l/h).

Setzt man einen Wärmepreis von 70 DM/MWh an, kann man bei einer Gas-HKA mit einer Laufzeit von 5.000 Stunden und einer Heizungsrücklauftemperatur von 35 °C ca. 875 DM Erlös pro Jahr erzielen. Für einen Wärmetauscher sind mit Installation ca. 3.000 bis 4.000 DM anzusetzen. Die Investitionen in den zusätzlichen Abgaswärmetauscher amortisieren sich damit nach 3,4 bis 4,6 Jahren.

4.9.2 Lastmanagementsystem

Das intelligente Lastmana-
gementsystem (LASY2000)
hat die Aufgabe, den Strombezug vom EVU auf das Mi-
nimale zu reduzieren. Das
Gerät mißt über Strom-
wandler oder Zählerimpulse
den Strombedarf des Ge-
bäudes (Abb. 4.18). Davon
und von der Information der
Tarifzeiten wird abgeleitet,
ob die HKA-Module zu-
schalten sollen bzw. ausge-
wählte Verbraucher ab-
schalten müssen, um einen
einstellbaren Leistungswert
(Leistungsspitze) nicht zu
überschreiten. In einem
Speicher werden die Last-
gänge innerhalb wählbarer

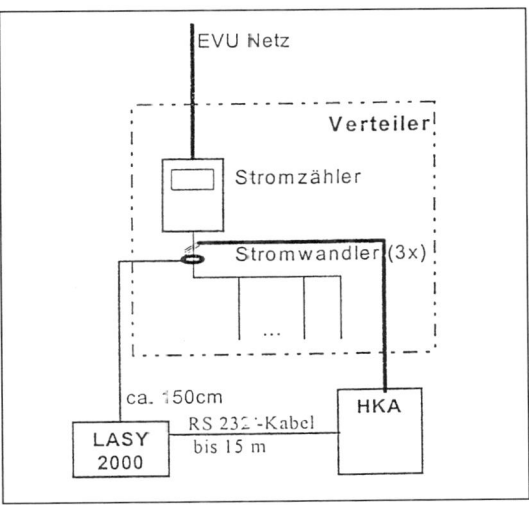

**Abb. 4.18   Intelligentes Lastmanagement-
system**

Zeitraster aufgezeichnet und können an einen PC übertragen und dort ausge-
geben werden. Der Preis liegt je nach Ausführung bei 3.600 bis 3.850 DM.

4.9.3 Automatisches Störmelde- und Fernbedienungssystem (Telecheck)

Mit dem Telecheck ist eine Fernbedienung der HKA über das Telefonnetz möglich. Nachdem Telecheck die Verbindung hergestellt hat, kann das Serviceprogramm mit seiner Funktionalität eingesetzt werden. Dem Benutzer stehen so
alle HKA-Daten zur Verfügung, um Ferndiagnosen vorzunehmen. Soll- und
Einstellwerte können über Telecheck verändert werden.

Für die Fernbedienung der HKA werden zusätzlich ein PC mit Modem (analog
oder ISDN) und das Serviceprogramm benötigt. Telecheck meldet auf Wunsch
Störungen oder anstehende Wartungen über das Telefonnetz weiter. Bei der
Ausgabe kann unter folgenden Möglichkeiten gewählt werden: Faxgerät,
D1/D2-Handy (Ausgabe im SMS), Cityruf, Scall, Quix oder andere Pager,
Leitzentrale, Bosch/Telenorma-Alarmzentrale Frankfurt.

Zusätzlich und gleichzeitig zu oben genannten Möglichkeiten kann Telecheck
weitere technische Anlagen bzw. Kenngrößen überwachen. Als Beispiel sei
hier die Flüssiggasüberwachung genannt. Über die sieben seriellen Schnittstellen des Typs RS232 lassen sich z. B. sechs HKAs und ein Heizungsregler
gleichzeitig über eine einzige Telefonleitung fernbedienen. Der Preis liegt je
nach Ausführung bei 800 bis 1.000 DM.

5 Rechtliches Umfeld

5.1 Grundlagen

Neue Technologien, deren Anwendung von ordnungsrechtlichen Gesetzen, Richtlinien und Vorschriften abhängig sind, haben es im allgemeinen schwer, sich zügig am Markt zu plazieren. Zu Verzögerungen kann es auch kommen, wenn Lücken in den Gesetzen und Regelwerken erst durch Novellen und ergänzende Bestimmungen ausgestaltet werden müssen bzw. ungeklärt bleiben. So hatte die Brennwerttechnik teilweise in den Anfängen ähnliche Probleme, wie sie heute noch bei BHKW auftreten. Durch die Stromerzeugung der BHKW kommen weitere Rechtsunsicherheiten hinzu. Nicht zuletzt müssen sich das 1998 reformierte Energiewirtschaftsgesetz und seit April 1999 die Ökosteuer bewähren und durch Verordnungen und Vereinbarungen erst praktikabel gemacht werden. Für folgende Punkte besteht teilweise noch Erklärungsbedarf:

- fehlende Aufstellrichtlinien für BHKW (z. B. bei DVGW in Bearbeitung)
- lange Zeit keine Grundlagen für die Begutachtung und Abnahme von BHKW durch die Prüfstellen (TÜV, DVGW etc.). Es fehlte noch an DIN-, EN-, ISO-Normen. Mit der DIN 6280 T14 und T15 sowie der VP 109 ist ein erster Anfang gemacht
- die DIN 4751, zuständig für die Sicherheitstechnik in der Heizungsanlage, ist nur auf die Feuerungsanlage ausgerichtet und kann nur sinngemäß umgesetzt werden
- nicht alle Feuerungsverordnungen in den Länderbauordnungen lassen eine gemeinsame Abgasführung mit dem Heizkessel grundsätzlich zu. Länderübergreifende Musterverordnungen (z. B. FeuVO) gelten nicht in allen Bundesländern (LBO)
- in der anstehenden Reform der Wärmeschutzverordnung, die auch den Primärenergieeinsatz einbezieht, ist die Kraft-Wärme-Kopplung nicht genügend berücksichtigt
- im Hinblick auf eine praktische Umsetzung des reformierten Energiewirtschaftsgesetzes und der Ökosteuer wird auf diese noch näher eingegangen
- eine Stromdurchleitung kleiner Leistungen auf der Niederspannungsebene ist noch weitgehend ungeklärt und führt daher zu unrealistischen Durchleitungsentgelten sowie unklaren Meßtechniken
- dem Anschluß an das öffentliche Stromnetz stehen ca. 700 unterschiedliche Technische Anschlußbedingungen (TAB) gegenüber. Zwar gibt es eine allgemein gültige Richtlinie des VDEW, die aber eine einheitliche Regelung für die Anforderungen an die Sicherheitstechnik, die EVU-übergreifend Gültigkeit hat, nicht ersetzen kann
- es müssen ein Antrag auf Genehmigung zum Bezug von steuerbegünstigtem Brennstoff (Heizöl und Erdgas) und ein Antrag auf Rückerstattung der Mineralölsteuer gemäß Mineralölsteuergesetz gestellt werden. Die Auslegungs-

möglichkeiten sind zweideutig und im Ermessen des Sachbearbeiters beim zuständigen Hauptzollamt
- nach dem Mineralölsteuergesetz wird die Steuer erlassen, erstattet oder vergütet, wenn Kraft-Wärme-Kopplungsanlagen in einem Monat des Jahres mit einem Nutzungsgrad von mehr als 70 % eingesetzt werden. Der Nachweis dafür ist noch nicht bundesweit einheitlich geregelt.

5.2 Energiewirtschaftsgesetz

Wichtige Änderungen des Energiewirtschaftsgesetzes (EnWG), das am 29. 4. 1998 in Kraft getreten ist:

Art. 1 § 2 (4) Umweltverträglichkeit

Der Nutzung von Kraft-Wärme-Kopplung und erneuerbaren Energien kommt dabei besondere Bedeutung zu.

Kommentar: Damit wird die Kraft-Wärme-Kopplung ein politisches Ziel. Ein Verweis darauf kann immer nützlich sein.

Art. 1 § 10 Allgemeine Anschluß- und Versorgungspflicht

Wenn ein EVU einen Letztverbraucher (Endkunden) versorgt, bleibt diese bestehen wie bisher (1).

Sie entfällt bei Deckung des Eigenbedarfs durch z. B. ein BHKW oder Versorgung durch einen Dritten zunächst. Allerdings kann Anschluß-Versorgungspflicht weiterhin verlangt werden, wenn es dem EVU wirtschaftlich zumutbar ist (2).

Kommentar: Bis hierher keine Änderung zum alten EnWG.

Die Versorgungspflicht zu allgemeinen Tarifen besteht allerdings weiter für Eigenbedarfsdeckung von Tarifabnehmern aus KWK-Anlagen < 30 kW$_{el}$.

Kommentar: Bedeutet also, daß Kunden, die bisher im Allgemeinen Tarif sind (keine Sonderkunden), nach Einbau einer oder mehrerer HKA weiterhin Tarifkunden bleiben. Die vorherrschende Meinung, die von vielen Seiten (auch EVU, VDEW etc.) bestätigt wurde und auch politisch so gewollt war, ist, daß der Kunde damit auch in seinem bisherigen (i. d. R. besten) Tarif bleibt bzw. ein Wahlrecht des Tarifs, im Rahmen der allgemein gültigen Tarifstruktur, hat.

Art. 1 § 3 Genehmigung der Energieversorgung

Der Genehmigung unterliegt nicht mehr die Versorgung von Abnehmern außerhalb der allgemeinen Versorgung, wenn diese überwiegend mit Strom aus KWK-Anlagen versorgt werden (1).

Die Genehmigung – falls doch erforderlich – darf nur dann versagt werden, wenn der Antragsteller nicht die entsprechende Leistungsfähigkeit besitzt, um die Versorgung auf Dauer zu gewährleisten.

Kommentar: Damit gibt es den alten Paragraphen 5.1 Energiewirtschaftsgesetz (Stromlieferung an Dritte) nur noch bedingt. Das bedeutet, daß i. d. R. eine Belieferung Dritter mit Strom – dieser Artikel ist dann außerhalb der allgemeinen Versorgung – (z. B. Contracting im Mehrfamilienhausbereich) nur noch genehmigungspflichtig ist, wenn weniger als 50 % des Stromes aus der Kraft-Wärme-Kopplung stammen! Falls doch eine Genehmigung notwendig werden sollte, kann dies einer kompetenten Partnerfirma nicht verweigert werden.

Das bisherige Problem des Zusatz- und Reservestrombezuges bleibt zwar grundsätzlich bestehen (Liefervertrag mit dem regionalen EVU), jedoch bietet das Gesetz die Möglichkeit, diesen auch von anderen Versorgern zu kaufen. Wie das geschehen kann und wie die Kosten für die Durchleitung dieses Stromes dann liegen werden, ist heute für kleine Leistungen im Niederspannungsbereich noch nicht klar. Ein freier Markt kann sich erst bilden, wenn auch genügend Handelspartner da sind.

Art. 3 § 4a Selbstverpflichtung zugunsten der KWK

Die Energieversorger müssen freiwillig Maßnahmen ergreifen, den Anteil des Stromes aus regenerativen Energien und der Kraft-Wärme-Kopplung zu erhöhen.

Kommentar: Hier sind zwar (noch) keine Mengen, Quoten oder Maßnahmearten genannt, dennoch kann man immer darauf verweisen und die zusätzlichen Maßnahmen anmahnen. Eigentlich müßte dieser Paragraph dazu führen, daß eine bevorzugte Behandlung des HKA-Betriebes stattfindet. Greifen diese freiwilligen Maßnahmen nicht, so läßt das Gesetz eine rechtliche Regelung zu.

Art. 4 § 3 Schutzklausel neuer Länder

Zum Schutz der Braunkohleverstromung wurden in den neuen Ländern weitreichende Möglichkeiten zur Ablehnung des Netzzugangs anderer geschaffen.

Kommentar: Damit wird der Bezug von Zusatzstrom von anderen Versorgern, die vielleicht günstigere Konditionen anbieten, erschwert.

Sonstiges:
- Es gibt keine Übergangsfristen
- Seit das Gesetz in Kraft ist, kann jeder (bis zum Einfamilienhausbesitzer) seinen Strom kaufen und verkaufen, wo und an wen er will. In der Praxis sind jedoch noch viele Details zu klären und Hemmnisse zu beseitigen.

5.3 Gesetz zum Einstieg in die ökologische Steuerreform (Ökosteuer) und ihre Fortschreibung

5.3.1 Gesetzliche Grundlagen

Die Ökosteuer ist seit 1. 4. 1999 in Kraft. Sie bietet eine deutliche Steuerentlastung für die Kraft-Wärme-Kopplung, die soweit gehen kann, daß man zum gleichen Preis wie mit einem Heizkessel heizen kann und den Strom – was die Betriebskosten betrifft – quasi umsonst bekommt.

Die Ökosteuerreform gliedert sich in das Stromsteuergesetz (Artikel 1) und die Änderung des Mineralölsteuergesetzes (Artikel 2).

Die Mineralölsteuer für den in der HKA eingesetzten Brennstoff und die Stromsteuer auf den in der HKA erzeugten Strom entfallen ab dem 1. 4. 1999 ganz.

- Stromsteuer:
  nach Stromsteuergesetz, § 4, Abs.1: Stromsteuer hat abzuführen, wer Versorger oder Eigenerzeuger im Sinne § 2, Abs. 1 und 2 ist. HKA-Betreiber ist kein Eigenerzeuger und i. d. R. kein Versorger im Sinne des Gesetzes nach § 2, Abs. 2, da Nennleistung HKA < 2 MW ist und meist keine Letztverbraucher versorgt werden (wenn doch, siehe 5.3.5).
- Mineralölsteuer:
  nach Mineralölsteuergesetz § 25, Abs. 3, Nr. 1.1a, 4.1 und 5.1 wird die Steuer erlassen, erstattet oder vergütet, wenn Kraft-Wärme-Kopplungsanlagen mit einem Monatsnutzungsgrad > 70 % eingesetzt werden.
- **Die Steuersätze sind in der Tabelle 5.1 enthalten.** Die Stromsteuer wird ab dem 1. 1. 2000 bis 2003 je Jahr um 0,5 Pf/kWh ansteigen. Im Jahr 2003 beträgt die Stromsteuer 4 Pf/kWh.
- Alle Angaben in den Rechenbeispielen beziehen sich auf ein Kalenderjahr.

Tab. 5 Nettosteuersätze auf Brennstoff und Strom nach dem Strom- und Mineralölsteuergesetz vom 1. 4. 1999 und der Fortschreibung bis 2003

Produkt / Verwendungszweck	Einheit	bis 31.3.1999	ab 1.4.1999	ab 1.1.2000	ab 1.1.2001	ab 1.1.2002	ab 1.1.2003
Leichtes Heizöl							
Regelsatz	Pf/l	8,0	12,0	12,0	12,0	12,0	12,0
Unternehmen des prod. Gewerbes sowie der Land- und Forstwirtschaft, soweit nicht zur Stromerzeugung verwendet	Pf/l	8,0	8,8	8,8	8,8	8,8	8,8
Stromerzeugung in Anlagen von Versorgern oder von anderen Unternehmen des prod. Gewerbes	Pf/l	8,0	8,0	8,0	8,0	8,0	8,0
Anlagen der Kraft-Wärme-Kopplung mit einem Monatsnutzungsgrad von mindestens 70 %[1]	Pf/l	8,0	-	-	-	-	-
Erdgas							
Regelsatz	Pf/kWh	0,36	0,68	0,68	0,68	0,68	0,68
Unternehmen des prod. Gewerbes sowie der Land- und Forstwirtschaft, soweit nicht zur Stromerzeugung verwendet	Pf/kWh	0,36	0,424	0,424	0,424	0,424	0,424
Stromerzeugung in Anlagen von Versorgern oder von anderen Unternehmen des prod. Gewerbes	Pf/kWh	0,36	0,36	0,36	0,36	0,36	0,36
Anlagen der Kraft-Wärme-Kopplung mit einem Monatsnutzungsgrad von mindestens 70 %[1]	Pf/kWh	0,36	-	-	-	-	-
Flüssiggas							
Regelsatz	Pf/kg	5,0	7,5	7,5	7,5	7,5	7,5
Unternehmen des prod. Gewerbes sowie der Land- und Forstwirtschaft, soweit nicht zur Stromerzeugung verwendet	Pf/kg	5,0	5,5	5,5	5,5	5,5	5,5
Stromerzeugung in Anlagen von Versorgern oder von anderen Unternehmen des prod. Gewerbes	Pf/kg	5,0	5,0	5,0	5,0	5,0	5,0
Anlagen der Kraft-Wärme-Kopplung mit einem Monatsnutzungsgrad von mindestens 70 %[1]	Pf/kg	5,0	-	-	-	-	--
Strom							
Regelsatz	Pf/kWh	-	2	2,5	3	3,5	4
Unternehmen des prod. Gewerbes sowie der Land- und Forstwirtschaft, soweit nicht zur Stromerzeugung verwendet[2]	Pf/kWh	-	0,4	0,5	0,6	0,7	0,8
Anlagen der Kraft-Wärme-Kopplung unter 2 MW	Pf/kWh	-	-	-	-	-	-

[1] Ausgenommen Anlagen mit Gasturbinen und nachgeschalteten Dampfturbinen (GuD-Anlagen) ohne Wärmeauskopplung. Zwischen dem 1. 4. und dem 31.12.1999 war ein Jahresnutzungsgrad von mindestens 70 % Voraussetzung für Erlaß, Erstattung bzw. Vergütung der Steuer

[2] Der ermäßigte Steuersatz kommt zur Anwendung, soweit der Strom von Unternehmen des prod. Gewerbes oder Unternehmen der Land- und Forstwirtschaft als Letztverbraucher für betriebliche Zwecke verwendet wird und die Verbrauchsmenge überschritten wird, die bei Anwendung des Regelsteuersatzes einer Steuerschuld von 1000 DM/a entspricht.

Bagatellgrenzen:	Erdgas	Heizöl	Flüssiggas	Strom
	312,5 MWh/a $\triangleq$ 31.250 m³/a (H_u = 10 kWh/m³)	250 MWh/a $\triangleq$ 25.000 l/a	40.000 kg/a	50 MWh/a

5.3.2 Rechenbeispiel für Verbraucher, die nicht dem produzierenden Gewerbe angehören

Situation ohne HKA

Ein Hotel verbraucht **150 MWh$_{Ho}$** ($\triangleq$ 15.000 m^3 Erdgas) und **75 MWh Strom:**

a) Mineralölsteuer:

Bisherige Steuer:	150 MWh • 3,60 DM/MWh	=	540,00 DM
Aufschlag ab 1. 4. 1999:	150 MWh • 3,20 DM/MWh	=	480,00 DM
Summe ab 1. 4. 1999:	150 MWh • 6,80 DM/MWh	=	1.020,00 DM

$\Rightarrow$ Steuerbelastung **Mineralölsteuer:** **1.020,00 DM**

b) Stromsteuer:

Steuer vom 1. 1. 2000 bis 31. 12. 2000:   75 MWh • 25 DM/MWh

$\Rightarrow$ Steuerbelastung **Stromsteuer:** **1.875,00 DM**

c) Gesamtbelastung:

Strom- und Mineralölsteuer: **2.895,00 DM**

Situation mit HKA

Einsatz von 1 HKA-G 5.5:

Laufzeit: 6.400 Bh (gem. Jahresdauerlinie)

a) Mineralölsteuer:

Brennstoffeinsatz HKA:	22,8 kW • 6.400 h	= 145,9 MWh
Wärmeerzeugung HKA:	12,5 kW • 6.400 Bh	= 80,0 MWh
eingesparter Brennstoff Kessel (η = 85 %): 80 MWh / 0,85		= 94,1 MWh
Brennstoffeinsatz Kessel:	150 MWh – 94,1 MWh	= 55,9 MWh

Damit ergibt sich ein neuer Gasverbrauch (bei gleichbleibendem
Wärmebedarf) von   (145,9 + 55,9) MWh   = 201,8 MWh.

Der Gesamtgasverbrauch steigt durch den Anteil des Gases, das zur Stromerzeugung eingesetzt werden muß (ohne Berücksichtigung von Effizienzsteigerung der Heizungsanlage durch HKA) um (201,8 – 150,0) MWh = 51,8 MWh. Nur der restliche Brennstoffbedarf des Kessels ist zu versteuern:

Zu zahlende Mineralölsteuer: 55,9 MWh • 6,80 DM/MWh   = 380,12 DM

Eingesparte Mineralölsteuer: 1.020 DM – 380,12 DM   = **639,88 DM**

b) Stromsteuer von 1. 1. 2000 bis 31. 12. 2000:

stromsteuerbefreite Eigenerzeugung: 5,5 kWh • 6.400 Bh		= 35,2 MWh
rückgespeister Anteil (15 %):		– 5,3 MWh
Im Objekt verbrauchter Anteil:		29,9 MWh

Reststrombezug: 75 MWh – 29,9 MWh   = 45,1 MWh

Zu versteuern sind mit
vollem Steuersatz: 45,1 MWh • 25 DM/MWh   = 1.127,50 DM

Eingesparte Stromsteuer: 1.875 DM – 1.127,50 DM   = **747,50 DM**

c) Gesamtbelastung und Einsparung:

Strom- und Mineralölsteuer: **1.507,62 DM**

Die **gesamte Steuereinsparung** beträgt somit:

639,88 DM + 747,50 DM =   **1.387,38 DM**

                                                          ($\triangle$ +3,94 Pf/kWh$_{el}$)

Der Erdgaseinsatz steigt durch die HKA von 150 auf 187 MWh. Bei einem Erdgaspreis von 30 DM/MWh ergibt das eine Mehrbelastung von: (187–150 MWh) • 30 DM/MWh = 1.110 DM. In diesem Fall ist die Steuerersparnis durch die HKA größer als die Mehrbelastung durch den gestiegenen Brennstoffeinsatz. **Die Stromerzeugung der HKA „finanziert" sich quasi durch die Ökosteuer!**

5.3.3 Rechenbeispiel für das produzierende Gewerbe (Substitution oberhalb der Bagatellgrenze)

Situation ohne HKA

Gewerbebetrieb verbraucht 500 MWh$_{Ho}$ ($\triangle$ 50.000 m³ Erdgas) und 200 MWh Strom:

a) Mineralölsteuer:

Bisherige Steuer:	500 MWh • 3,60 DM/MWh	= 1.800,00 DM
Aufschlag ab 1. 4. 1999:	500 MWh • 3,20 DM/MWh	= 1.600,00 DM
Summe ab 1. 4. 1999:	500 MWh • 6,80 DM/MWh	= 3.400,00 DM

Rückerstattung: Bis zu einer Bagatellgrenze bzw. 312,5 MWh Erdgas gibt es keine Rückerstattung, darüber 2,56 DM/MWh.

(500 –312,5) MWh • 2,56 DM/MWh   =   480,00 DM

⇛ Steuerbelastung **Mineralölsteuer:**   **2.920,00 DM**

b) Stromsteuer:

Steuer von 1.1.2000 bis 31.12. 2000 bei Bagatellgrenze von 1.000 DM ($\triangle$ 50 MWh):

Voller Steuersatz:	50 MWh • 25 DM/MWh	= 1.250,00 DM
Ermäßigter Steuersatz:	150 MWh • 5 DM/MWh	= 750,00 DM

⇛ Steuerbelastung **Stromsteuer:**   **2.000,00 DM**

c) Gesamtbelastung:

Strom- und Mineralölsteuer: **4.920,00 DM**

Situation mit HKA

Einsatz von 3 HKA-G 5.5:

Laufzeiten: je 6.800 Bh/a (gem. Jahresdauerlinie)

a) Mineralölsteuer:

Brennstoffeinsatz HKA: 3 • 22,8 kW • 6.800 h	=	465,1 MWh
Wärmeerzeugung HKA: 3 • 12,5 kW • 6.800 Bh	=	255,0 MWh
eingesparter Brennstoff Kessel η = 85 %): 255 MWh/0,85	=	300,0 MWh

Brennstoffeinsatz Kessel:　　　500 MWh − 300 MWh =　　200,0 MWh

Damit ergibt sich ein neuer Gasverbrauch (bei gleichbleibendem Wärmebedarf) von　　　　(465,1 + 200,0) MWh =　　665,1 MWh.
Der Gesamtgasverbrauch steigt durch den Anteil des Gases, das zur Stromerzeugung eingesetzt werden muß (ohne Berücksichtigung von Effizienzsteigerung der Heizungsanlage durch HKA) um
　　　　(665,1 − 500,0) MWh =165,1 MWh.

Nur der restliche Brennstoffeinsatz in den Heizkesseln ist zu versteuern. Da dieser unter der Bagatellgrenze liegt, ist er voll zu versteuern.
Zu zahlende Mineralölsteuer: 200 MWh • 6,80 DM/MWh　　= 1.360,00 DM
Zusätzl. rückerst. Mineralölsteuer: 2.920 DM − 1.360 DM　　= **1.560,00 DM**

b) Stromsteuer vom 1. 1. 2000 bis 31. 12. 2000:
Stromsteuerbefreite Eigenerzeugung: 3 • 5,5 kWh •(6.800 Bh =　112,2 MWh
rückgespeister Anteil (15 %):　　　　　　　　　　　　　　　− 16,8 MWh

Im Objekt verbrauchter Anteil:　　　　　　　　　　　　　　95,4 MWh

Reststrombezug: 200 MWh − 95,4 MWh　　　　　　　　= 104,6 MWh

Zu versteuern sind mit
vollem　　　Steuersatz: 50　MWh • 25 DM/MWh　　　= 1.250,00 DM
reduziertem Steuersatz: 54,6 MWh • 　5 DM/MWh　　　= 　273,00 DM
Summe　　　　　　　　　　　　　　　　　　　　　1.523,00 DM

Eingesparte Stromsteuer: 2.000 DM − 1.523,00 DM　　= 　**477,00 DM**

c) Gesamtbelastung und Einsparung:
Strom- und Mineralölsteuer:　　　　　　　　　　　**2.883,00 DM**
Die **gesamte Steuereinsparung** beträgt somit:
1.560,00 DM + 477,00 DM　　　　　　　　　　　= **2.037,00 DM**
　　　　　　　　　　　　　　　　　　　　　　($\triangleq$**+1,82 Pf/kWh$_{el}$**)

5.3.4 Rechenbeispiel für das produzierende Gewerbe (Substitution unterhalb der Bagatellgrenze)

Wenn ein produzierendes Gewerbe einen Brennstoff- und Strombezug unterhalb der Bagatellgrenze hat, so ist immer der volle Steuersatz zu bezahlen. Der Rechenweg entspricht dann dem unter 5.3.1.

5.3.5 Versorgung Dritter (Contracting)

Gemäß Stromsteuergesetz § 11, Abs. 4 ist vorgesehen, „zur Steuervereinfachung ..., daß Unternehmen, Betriebe und Personen, die Strom an ihre Mieter, Pächter oder vergleichbare Vertragspartner leisten, sowie derjenige, der im Rahmen eines Vertragsverhältnisses für einen anderen eine Anlage zur Stromerzeugung betreibt, nicht als Versorger gelten." Der Entwurf der Durchführungsverordnung vom 11. 5. 1999 sieht dies vor.

5.4 Rechte und Rahmenbedingungen

Es gibt jedoch nicht nur Gesetze, Richtlinien und Vorschriften, die einer raschen Verbreitung von Mini-BHKW entgegenstehen, sondern auch Rechte, die einem BHKW-Betreiber zustehen. Dazu gehören:

- Das Recht zur Stromerzeugung hat jeder.
- Bei Nutzung regenerativer Energien bzw. bei rationeller Nutzung fossiler Energien (Kraft-Wärme-Kopplung) ist der Gebietsversorger verpflichtet, einen Parallelfahrvertrag abzuschließen (Kontrahierungszwang aufgrund allgemeiner Zumutbarkeit). Der Parallelfahrvertrag regelt sowohl die Zusatz- und Reserveversorgung als auch die Einspeisung. Die Einspeisevergütung ist nicht bundesweit einheitlich geregelt. Auch der Ansatz über die vermiedenen Kosten läßt ein weites Feld von Details und Bewertungskriterien offen.
- Der Kontrahierungszwang besteht auch bei Versorgung Dritter.
- Konzessionsverträge sind rein zivilrechtliche Verträge zwischen Kommunen und dem Versorgungsunternehmen. Sie regeln u. a. das Nutzungsrecht an öffentlichen Straßen und Wegen. Außerhalb dieser Straßen und Wege können Konzessionsverträge die Tätigkeit des BHKW-Betreibers nicht einschränken.
- Das Stromeinspeisungsgesetz als Bestandteil des reformierten Energiewirtschaftsgesetzes regelt die Höhe der Vergütung für Stromlieferungen an das örtliche Stromversorgungsunternehmen nur, wenn das BHKW mit biogenen Brennstoffen (z. B. Rapsöl, Biodiesel, Biogas, Klärgas, Holz) betrieben wird, nicht bei Erdgas, Flüssiggas oder Heizöl.

Weitere behördliche Rahmenbedingungen

Vor Inbetriebnahme eines BHKW muß die Anlage bei dem örtlichen Stromversorgungsunternehmen angemeldet und beim Zollamt ein Antrag auf Genehmigung eines ermäßigten Steuersatzes gemäß dem Mineralölsteuergesetz für Erdgas und Heizöl gestellt werden. Für die Rückerstattung der Mineralölsteuer ist ebenfalls ein Antrag notwendig. Weiterhin muß nachgewiesen werden, daß das BHKW einen Monatsnutzungsgrad von über 70 % hat. Die Anmeldung bei dem Erdgasversorger ist im allgemeinen problemlos, wenn die speziellen Daten der Einzelanlage vorliegen und gewisse Mindestanforderungen erfüllen.

Nicht zwingend, aber sinnvoll ist eine Abstimmung der Abgasführung mit dem zuständigen Schornsteinfeger.

Bezüglich der Abgasführung und der Aufstellung von Mini-BHKW gab es noch vor wenigen Jahren nur Einzelgenehmigungen oder Sonderregelungen. In der Zwischenzeit wurde von der Projektgruppe Feuerungsanlagen der Fachkommission Bauaufsicht der Argebau das Muster einer Feuerungsanlagenverordnung (Muster-FeuVO) erarbeitet. In der Kommission sind Vertreter aller Bundesländer versammelt.

Diese Muster-FeuVO, in der Ausgabe vom 24.2.1995, wurde notifiziert. Die Oberste Bauaufsichtsbehörde hat die Freigabe dieser Verordnung für Deutschland beschlossen. Es wurde den Ländern vorgeschlagen, die Muster-FeuVO einzuführen. Die meisten Bundesländer haben diese Verordnung schon übernommen, die anderen werden sukzessive folgen.

Zu betonen bleibt allerdings, daß die Übernahme dieser Verordnung durch die Länder nicht zwingend ist. Abweichungen können getroffen werden, sind aber nicht in nennenswertem Umfang zu erwarten. Hier greift die Länderhoheit.

Sollte die Umsetzung noch nicht gegeben sein, kann nur mit der jeweiligen Obersten Baubehörde der Länder darüber verhandelt werden, ob als Beurteilungsgrundlage diese Verordnung vorab herangezogen werden kann. In der Regel ist dies möglich.

Die Muster-FeuVO regelt erstmals die Aufstellung und Abgasführung von BHKW ganz allgemein. Insbesondere wurde die gemeinsame Abführung der Abgase von BHKW und Heizkessel in einen Schornstein berücksichtigt. Möglich war dies nur durch den Nachweis eines störungsfreien Betriebes mehrerer Anlagen mit dieser Abgasführung im Rahmen von Demonstrationsvorhaben und der Bestätigung durch den TÜV.

5.5 Hemmnisse und Vorteile im rechtlichen Umfeld

Als Hemmnisse für eine flächendeckende Einführung von Mini-BHKWs werden oft genannt:

- oftmals ungünstigere tarifliche Eingruppierung von „HKA-Betreibern" gegenüber „Normal-Strombezieher" (unter neuer Gesetzgebung weniger bedeutend)
- die hohen Potentiale an Mehrfamilienhäusern, Wohnsiedlungen etc. sind nur unter großem Aufwand erschließbar (Stromrecht)
- keine einheitliche Rückspeisevergütung gemäß der vermiedenen Kosten nach dem City-Gate-Ansatz (Vergütung der Kosten des kleinsten Verteilerstadtwerkes)
- unsinnige Forderungen durch Hauptzollämter und vereinzelt durch EVU
- keine bundeseinheitliche Förderung oder konkrete Vorrangregelung für Mini-BHKWs als CO_2- und energiesparende Technologie
- der Vorteil beim Umweltschutz läßt sich nicht in einen wirtschaftlichen Vorteil umrechnen.

Gegen die Hemmnisse sprechen die Argumente für den Einsatz eines Mini-BHKW:

• sparsamer Verbrauch durch effiziente Ausnutzung von Primärenergie
• Umweltentlastung vor allem bei dem klimarelevanten Treibhausgas CO_2
• spart Geld durch günstige Stromerzeugung
• keine Mineralöl- und Stromsteuer
• ist die derzeit wirtschaftlichste Lösung zukunftsorientierter Energiekonzepte
• ist als Technik bewährt und ausgereift und damit serienreif
• wird in vielen Regionen finanziell gefördert
• ist preiswert und amortisiert sich in kurzer Zeit
• ist platzsparend, leise und in fast jedem Gebäude einsetzbar
• hat eine hohe Akzeptanz und eine positive Beschäftigungsbilanz
  (Abbildung 5.1).

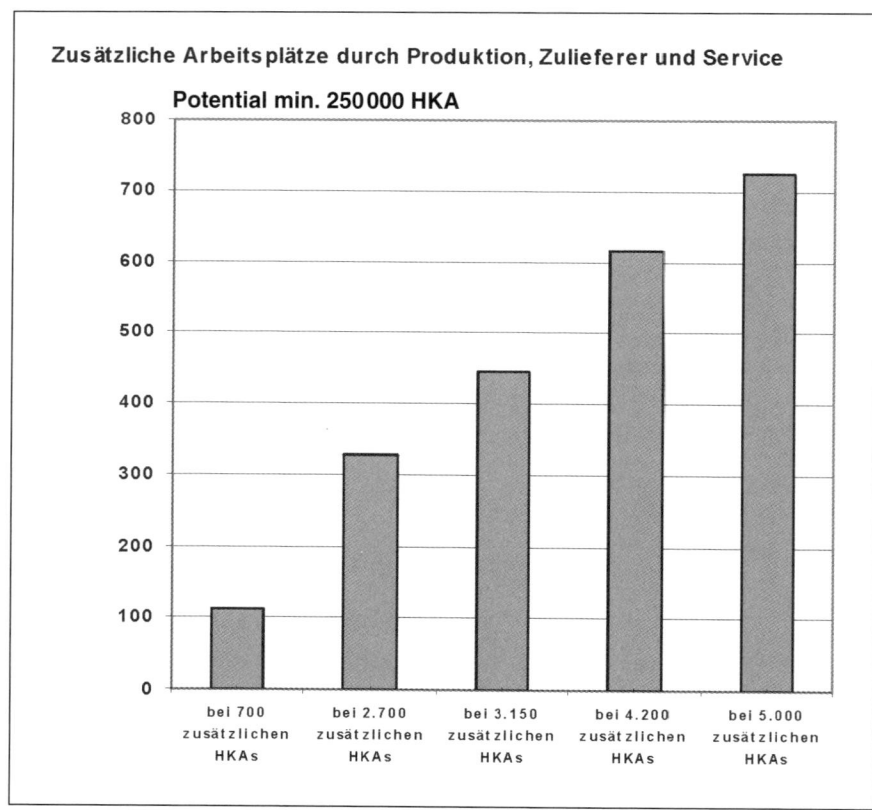

Abb. 5.1   Zusätzliche Arbeitsplätze durch HKA

6 Energieeinsparung und Emissionsbilanz

6.1 Darlegung der Methodik

Die Primärenergieeinsparung und der Rückgang der Emissionen durch die Kraft-Wärme-Kopplung sind in der Umweltdiskussion unbestritten. Daher genießt gerade auf der politischen Ebene die Kraft-Wärme-Kopplung ein hohes Ansehen. Für den einzelnen Anlagenbetreiber sind Primärenergieeinsparung und Emissionsminderung hehre Ziele des Umweltschutzes, sie zahlen sich jedoch nicht direkt in Mark und Pfennig aus. Daher beteiligt sich der Anlagenbetreiber in der Regel nicht an der Diskussion um Einspareffekte und Umweltentlastung durch die Kraft-Wärme-Kopplung. Die Auseinandersetzung erfolgt in Interessenvertretungen und den politischen Gremien.

Dem Wunsch nach einer massiven Ausweitung der Kraft-Wärme-Kopplung stehen die Vorbehalte vieler Energieversorgungsunternehmen gegenüber. In diesem Spannungsfeld stehen die Aussagen zu den Einspareffekten und der Umweltentlastung. Umstritten sind daher nicht nur die wichtigsten Eingangswerte wie die Nutzungsgrade des BHKW, des Heizkessels und der alternativen Stromerzeugung, sondern vor allem der anzulegende Vergleichs- und Bewertungsmaßstab (z. B. alte Kraftwerke oder neue Kraftwerke). Dieser hat einen beträchtlichen Einfluß auf das Ergebnis.

6.2 Verfahren nach der ASUE-Methode[1]

Fast immer wird die Kraft-Wärme-Kopplung hinsichtlich der Primärenergieausnutzung und Schadstoffemissionen mit konventionellen Strom- und Wärmeversorgungssystemen, wie z. B. erdgasbefeuerte Heizkessel und Kondensationskraftwerke, verglichen (ASUE-Modell). Dieses Modell vergleicht ein gekoppeltes und ein ungekoppeltes Energiesystem zur Bereitstellung gleicher Teile Nutzenergie miteinander:

ungekoppelt: konventioneller Heizkessel zur Wärmeproduktion und Kondensationskraftwerk zur Stromproduktion

gekoppelt: Blockheizkraftwerk zur Wärme- und Stromproduktion sowie zusätzlich ein Spitzenkessel

---

1 ASUE: Arbeitsgemeinschaft für Sparsamen und Umweltfreundlichen Energieverbrauch e. V., Arbeitskreis BHKW, Frankfurt/Main, 1988

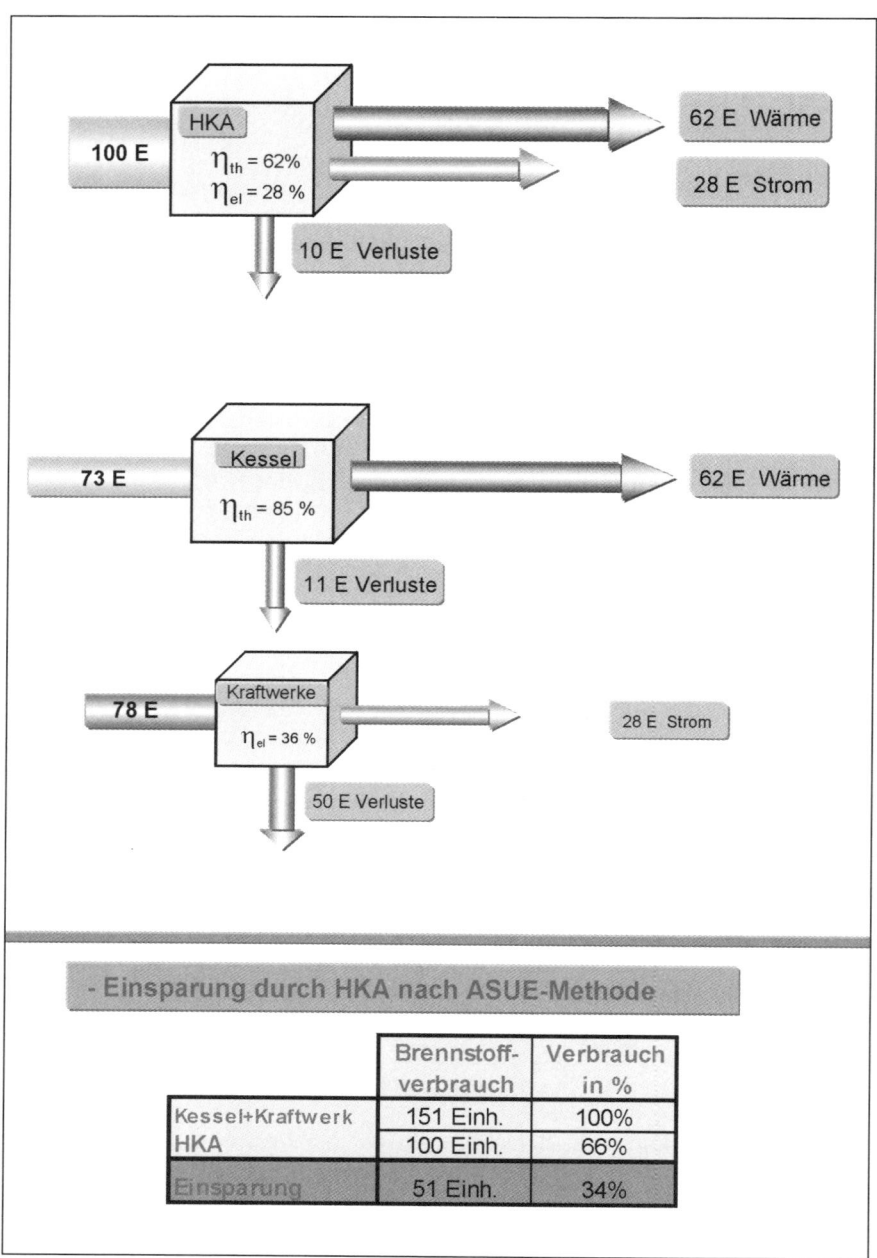

Abb. 6.1   Energiebilanz nach ASUE

Folgendes Schema zeigt das Energieflußbild (Abbildung 6.1) mit der berechneten Energieeinsparung nach der ASUE-Methode mit den Betriebswerten der Erdgas-HKA mit 5,5 kW$_{el}$.

Diese Darstellung geht davon aus, daß beide Versorgungssysteme die gleiche Aufgabe haben, nämlich die Erzeugung von Wärme und Strom. Die primäre Aufgabe einer HKA ist jedoch die Erzeugung von Wärme. Stromproduktion ist hier eher – wenngleich einzige Komponente, die den Einsatz eines BHKW sinnvoll macht – zweitrangig. Daher wurde eine zweite Methode, die Stromgutschrift-Methode, ebenfalls vorgestellt.

6.3 Verfahren nach der Stromgutschrift-Methode

Bei dem Verfahren nach der Stromgutschrift-Methode wird der Kraft-Wärme-Kopplungsprozeß mit der Stromgutschrift in ein reines Wärmesystem überführt, weil die Stromproduktion der HKA nicht vorrangiges Ziel ist, sondern „nur" umweltentlastendes Nebenprodukt.

Dieser Strom, der entweder in das Netz des Stromversorgungsunternehmens oder in das eigene Objekt eingespeist wird, braucht an anderer Stelle von Stromerzeugungsanlagen nicht mehr bereitgestellt zu werden. Als Bezugsgröße wird im allgemeinen der Mix des bundesdeutschen Kraftwerksparks herangezogen mit seiner typischen Energie- und Emissionsstruktur.

Mit der Reduzierung auf ein Wärmeversorgungssystem ist das BHKW mit anderen am Markt befindlichen Wärmesystemen vergleichbar und zu bewerten. Da die HKA jeweils bestehenden Heizungsanlagen beigestellt werden, wird für die Bestimmung der Brennstoffeinsparung bzw. Emissionsreduzierung alles auf die Wärmeproduktion der HKA bezogen; der Spitzenkesselanteil bleibt unberücksichtigt!

Die Abbildung 6.2 zeigt das Schema mit den Werten der Erdgas-HKA (5,5 kW$_{el}$) das Verfahren nach der Stromgutschrift.

6.4 Auswahl und Begründung der Methodik

Die beiden Darstellungen unterscheiden sich in ihren Angaben zur relativen Brennstoffeinsparung. Absolut werden selbstverständlich gleiche Teile Brennstoff gegenüber der getrennten Erzeugung eingespart.

Das Stromgutschriftverfahren wird als Bewertungsmaßstab herangezogen.

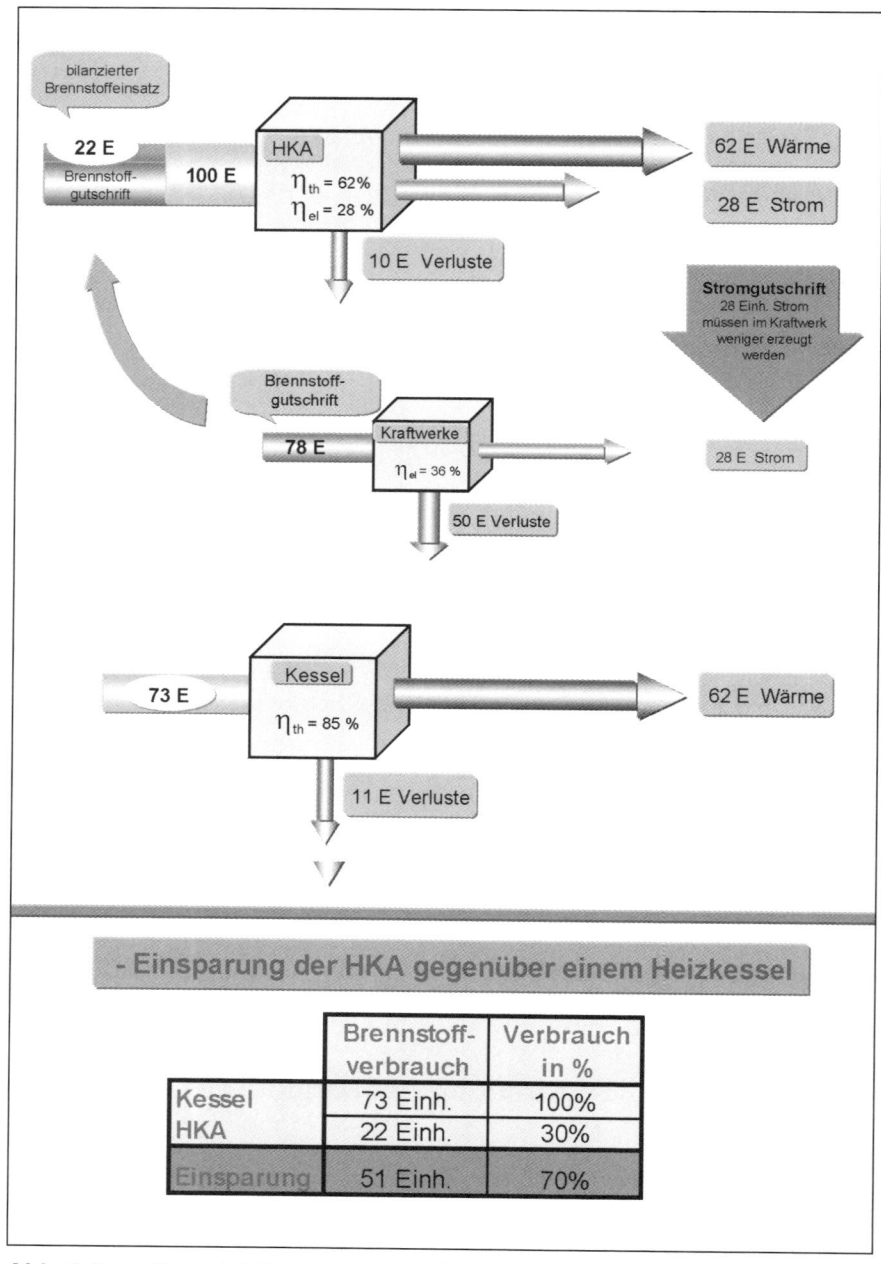

Abb. 6.2   Energiebilanz nach der Stromgutschrift-Methode

Folgende Argumente sprechen für die Verwendung dieses Verfahrens als energetische Bilanzierungsmethode:

- bei den HKA, wie auch bei anderen Mini-BHKW, handelt es sich in erster Linie um wärmeproduzierende Anlagen, die sozusagen Strom als Nebenprodukt bereitstellen, der nicht mehr im konventionellen Kraftwerkspark bereitgestellt werden muß,
- die HKA ist z. Z. nahezu ausschließlich – und wird wohl auch zukünftig – als wärmegeführte Anlage eingebaut,
- dieses Verfahren berücksichtigt hinreichend genau die derzeit – aus thermodynamischer Sicht – noch ungünstige Effizienz der Versorgung mit Raumwärme.

Eingeführt werden muß bei dieser Art der Bilanzierung der Begriff „Heizzahl", da bei hohen elektrischen Wirkungsgraden des BHKWs durch die Stromgutschrift sogar eine Brennstoffentlastung bei der Bilanzierungsrechnung auftreten kann. Die Heizzahl ξ kann Werte über 1 annehmen; Verwendung findet sie z. B. auch bei der Bestimmung der Ausnutzung bei Wärmepumpen ($\xi \sim 2{,}5$ bis 5).

Die Heizzahl der BHKW-Anlage ermittelt sich aus dem für die Wärmebereitstellung zu bilanzierenden Brennstoffbedarf. Der Strombedarf des Objektes bleibt dabei unberücksichtigt!

6.5 Berechnungsgrundlage

Zur Ermittlung der Einsparung an Primärenergie und Kohlendioxid sowie zur Erstellung anderer Emissionsbilanzen gelten folgende Parameter:

- Die Heiz-Kraft-Anlagen reduzieren Grund-, Spitzen- und Mittellaststrombezug aus dem Netz. Damit substituieren sie Kraftwerksstrom aus dem gesamten Kraftwerksmix. Daher werden alle Kraftwerksdaten darauf bezogen.
- Den Daten der Kraftwerke liegen die letzten Veröffentlichungen von VDEW und UBA zugrunde. Außerdem wurden Emissionsfaktoren aus Gemis[1] verarbeitet.
- Die Werte für den Heizkessel entsprechen dem Mix der bestehenden Kesselanlagen in der durchschnittlich in Frage kommenden Leistungsgröße.

Auf der Basis einer erdgasbetriebenen HKA in Standardausführung gilt:

- Rechenwerte Kraftwerksmix

    Emissionsfaktor CO_2 Brennstoff-Mix   220 kg/MWh

---

1 Gesamt-Emissions-Modell integrierter Systeme

Emissionsfaktor NO_x Brennstoff-Mix   305   g/MWh
Emissionsfaktor CO   Brennstoff-Mix   85   g/MWh
Wirkungsgrad am Niederspannungsnetz   36   %.

- Die Daten der Heizkessel wurden wie folgt angesetzt:

Emissionsfaktor CO_2 – Erdgasheizung   200 kg/MWh
Emissionsfaktor NO_x – Erdgasheizung   200   g/MWh
Emissionsfaktor CO   – Erdgasheizung   75   g/MWh
Jahres-Nutzungsgrad   83   %.

- Die Rechenwerte für die Erdgas-Heiz-Kraft-Anlagen (5,5 kW_{el}, 12,5 kW_{th}, 20,5 $kW_{Brennstoff}$) entsprechen den TÜV-Meßwerten und lauten wie folgt:

Emissionsfaktor CO_2 – HKA-Erdgas   200 kg/MWh
Emissionsfaktor NO_x – HKA-Erdgas   394[2]   g/MWh
Emissionsfaktor CO   – HKA-Erdgas   25[3]   g/MWh
Jahres-Nutzungsgrad   88   %.

6.6 Ergebnisse nach der Stromgutschrift-Methode

Energieeinsparung

Bei einer Laufzeit von 5.000 Stunden je Jahr ergibt sich eine Jahresbilanz von:

- zugeführte Brennstoffmenge   102,5 MWh
- erzeugte elektrische Energie   27,5 MWh (brutto)
- erzeugte thermische Energie   62,5 MWh

Würde die erzeugte elektrische Energie der HKA im Kraftwerk erzeugt, entstünde ein Brennstoffbedarf, der berücksichtigt wird als

- Brennstoffgutschrift von   76,4 MWh

Zur Bereitstellung derselben Wärmemenge (technische Energie HKA) durch konventionelle Heizkessel

---

2 $\triangleq$ entspricht 349 mg/Nm^3 bei 5 % O_2 (= TÜV-Wert)
3 entspricht 23 mg/Nm^3 bei 5 % O_2

wäre eine

– Brennstoffmenge von   75,3 MWh

notwendig.

Damit spart eine Gas-HKA-Anlage bei einer jährlichen Laufzeit von 5.000 Betriebsstunden global

Primärenergie ein von   49,2 MWh

Das entspricht einer **Einsparung** von   65%

Oder ca. **1 m³ Gas je Betriebsstunde**

Emissionsbilanz

Zur Erzeugung der HKA-Stromenergie von 27,5 MWh je Jahr (5.000 Betriebsstunden je Jahr) würden folgende Emissionen am Kraftwerk anfallen (Kraftwerks-Mix BRD):

CO_2: 220 kg/MWh   x   27,5 MWh / 0,36   =   16.806 kg
NO_x: 305 g/MWh   x   27,5 MWh / 0,36   =   23,3 kg
CO: 85 g/MWh   x   27,5 MWh / 0,36   =   6,5 kg

Die zugeführte Brennstoffmenge von 102,5 MWh ergibt folgende Emissionen:

CO_2: 200 kg/MWh   x   102,5 MWh   =   20.500 kg
NO_x: 394 g/MWh   x   102,5 MWh   =   40,4 kg
CO: 25 g/MWh   x   102,5 MWh   =   2,6 kg

Damit verbleiben zur Erzeugung der 62,5 MWh Wärme Emissionen von:

CO_2:   20.500 kg   –   16.806 kg   =   3.694 kg
NO_x: 40,4 kg   –   23,3 kg   =   17,1 kg
CO: 2,6 kg   –   6,5 kg   =   – 3,9 kg

Die Bereitstellung von 62,5 MWh Wärme in konventionellen Heizkesseln ergäbe Emissionen von:

CO_2: 200 kg/MWh   x   62,5 MWh / 0,83   =   15.060 kg
NO_x: 200 g/MWh   x   62,5 MWh / 0,83   =   15,1 kg
CO: 75 g/MWh   x   62,5 MWh / 0,83   =   5,6 kg

Durch die gekoppelte Energieerzeugung wird insgesamt, bezogen auf die Wärmeerzeugung, eine Emissionsentlastung erreicht von:

CO_2: 11.366 kg = 75%
CO: 9,5 kg   = 170%

Bei der Schadstoffkomponente NO_x ergibt sich eine Mehrbelastung:

NO_x 2,0 kg = 13%

Zusammenfassung der Ergebnisse

Der Einsatz einer HKA erreicht gegenüber einer klassischen, konventionellen Wärme- und Stromerzeugung eine deutliche Reduktion des Brennstoffeinsatzes (im gewählten Beispiel 65% nach der Stromgutschrift-Methode oder ca. 1 m³ Gas je Betriebsstunde) und des Treibhausgases CO_2 (75% nach der Stromgutschrift-Methode). Ebenso werden andere Schadstoffkomponenten wie CO, SO_2 etc. teilweise deutlich reduziert. Eine Ausnahme bildet hier NO_x, da an dem gewählten HKA-Modul keine emissionsmindernden Maßnahmen getroffen wurden. Bei den ebenso zur Verfügung stehenden Low-NO_x-HKA werden die NO_x-Emissionen um ca. 21 kg (bzw. 142%) vermindert.

Um dieselbe Primärenergiemenge, aufgeteilt auf die Anteile Strom und Wärme einsparen zu können, müßte ein Solargenerator (Photovoltaik) mit 13,9 kW Leistung ($\approx$ 300.000 DM Investition) **und** Sonnenkollektoren mit 48 m² Fläche ($\approx$ 30.000 DM Investition) installiert werden. Damit ließen sich zwar die Einsparungen realisieren, allerdings können dabei nur 31% der Strom- und Wärmemenge der HKA erzeugt werden.

Für dieselbe Menge CO_2, die durch die HKA (bei einer Laufzeit von 5.000 h/Jahr) eingespart wird, müßten umgerechnet 3 ha Wald aufgeforstet werden.

7 Wirtschaftlichkeit

7.1 Grundlagen

Wirtschaftlichkeitsrechnungen haben den Zweck, Aussagen über die finanziellen Auswirkungen von Investitionen zu ermöglichen. Beim Betrieb einer HKA handelt es sich, wie der Name schon sagt, um eine Koppelproduktion von Strom und Wärme. Eine Zuordnung der Kosten z. B. für Brennstoff und Wartung auf die Produkte ist zwar immer wieder versucht worden, scheiterte aber an einseitigen und nicht „gerechten" Bewertungskriterien. Es müssen vielmehr die Kapital- und Betriebskosten der HKA alternativ einer getrennten Strom- und Wärmebeschaffung gegenübergestellt werden.

Dienen als Zielgröße die Stromkosten, müssen die Wärmekosten, die beim Betrieb eines Heizkessels entstehen würden, als Gutschrift von den Gesamtkosten der HKA abgezogen werden. Die sich ergebenden Stromgestehungskosten können mit den Strombezugskosten verglichen werden.

Die Investition rentiert sich, wenn unter Berücksichtigung der Wärmegutschrift der Wert des erzeugten Stroms unter den Strombezugskosten liegt. Umgekehrt können bei der Zielgröße Wärmegestehungskosten die eingesparten Strombezugskosten und/oder die Einnahmen aus dem Stromverkauf in Ansatz gebracht werden. Die Wärmegestehungskosten sind dann alleine mit den Kosten einer alternativen Wärmeerzeugung in einem Heizkessel vergleichbar. Dabei ist entscheidend, ob die Kapitalkosten des Heizkessels berücksichtigt werden.

In den meisten Fällen wird eine wärmegeführte HKA einer bestehenden Kesselanlage beigestellt. Somit sind keine zusätzlichen Kosten für bauliche Maßnahmen, Spitzenkessel oder Brennstoffanschlüsse zu berücksichtigen. In diesem Zusammenhang spricht man von Beistelltechnik.

Anders bei Neuinvestitionen, wo die komplette Heizungsanlage neu erstellt wird. Hier werden HKA und Kessel sowie alle für die Raumwärmebereitstellung und Warmwassererwärmung benötigten Komponenten zusammengefaßt und als eine gleichzeitig anfallende Investition angesehen. Diese Betrachtungsweise erhöht die Wirtschaftlichkeit der HKA.

Als Beurteilungskriterium für die Wirtschaftlichkeit ist auch heute noch die statische Amortisationsdauer üblich, auch wenn ihre Aussage begrenzt ist. Die Amortisationsdauer gibt nur an, nach welcher Zeit das eingesetzte Kapital wiedergewonnen wird. Über die Höhe des Überschusses, der während der Nutzungsdauer einer Investition insgesamt erwirtschaftet wird, erhält man dagegen durch das Aufsummieren der Gewinne. Aus diesen kann dann eine Rendite des eingesetzten Kapitals berechnet werden.

Bei der dynamischen Amortisationsdauer (kritische Nutzungsdauer) handelt es sich um den Zeitraum, der mindestens vergehen muß, damit das eingesetzte Kapital wiedergewonnen und eine Verzinsung der ausstehenden Beträge erlangt wird. Die dynamische Amortisationsdauer soll gleich oder kleiner der maximal zulässigen Amortisationszeit sein. Die maximal zulässigen Amortisationszeit wird vom Investor subjektiv festgelegt.

Für die Berechnung der Wirtschaftlichkeit einer HKA wurde ein Programm entwickelt, das diesem Buch beiliegt. Es orientiert sich an der VDI 2067, Blatt 7, beinhaltet aber nicht die komplizierte Ermittlung von Tageslastgängen. Vielmehr kann zwischen typischen Jahresdauerlinien des Wärmebedarfes verschiedener Versorgungsobjekte gewählt werden. Diese werden mit den entsprechenden zu untersuchenden Objektdaten verknüpft. Ausgewiesen werden die Modullaufzeiten. Daraus ergeben sich dann die Anteile der Wärmeproduktion der HKA an der gesamten Wärmearbeit. Die Programmberechnung schließt mit der Berechnung der Wirtschaftlichkeit nach verschiedenen Kriterien.

7.2 Einflußfaktoren auf die Wirtschaftlichkeit

Eine qualitative Aussage zu den wesentlichen Einflußfaktoren auf die Wirtschaftlichkeit von Mini-Blockheizkraftwerken wird durch objektbezogene und gerätebezogene Einflußgrößen vorgenommen. Die Größe der verschiedenen Faktoren entspricht deren Gewichtigkeit.

Objektbezogene Einflußgrößen:

Diese sind ausschließlich vom Einsatzobjekt und den dort herrschenden Verhältnissen bestimmt und wären für BHKW gleicher Leistungen identisch. Es sind im wesentlichen:

■ **Jährliche Vollbenutzungsstunden:**

Die Wirtschaftlichkeit von BHKW hängt stark von der erzeugten Menge der Produkte Wärme und Strom ab. Daher ist eine möglichst hohe jährliche Laufzeit der HKA anzustreben. Bei üblichen Verhältnissen sollte diese über 4.000 Stunden/a liegen.

■ **Verdrängter Strompreis:**

Wesentlich ist nicht nur die erzeugte Strommenge, sondern vor allem auch deren Wertigkeit. So ist der sogenannte verdrängte Strompreis, d. h. die substituierbaren Stromkosten, ausschlaggebend. Darin spiegeln sich der bestehende (und i. d. R. bleibende) Stromtarif und das anliegende Tarifsystem wider. Bei hohen Strombezugskosten ist auch mit einer kürzeren Laufzeit der HKA noch eine Wirtschaftlichkeit erreichbar, während sehr geringe Strombezugskosten, auch bei hohen Laufzeiten, zu keinem befriedigenden Ergebnis führen würden.

Hier nicht explizit genannt, aber insbesondere bei höheren rückgespeisten Strommengen wesentlich, ist die vom EVU angesetzte Rückspeisevergütung. Diese muß auch heute noch nach dem Prinzip der langfristig vermiedenen Kosten erfolgen.

■ **Anlegbarer Wärmepreis:**

Dabei ist zu unterscheiden, ob die von der HKA produzierte Wärme ansonsten mit einem bestehenden Heizkessel erzeugt werden müßte und mit welcher Qualität (Nutzungsgrad) dies geschehen würde. So kann die von der HKA sehr effizient erzeugte Wärme bei schlechten Heizanlagen zusätzlich einen Gewinn bringen, während bei modernen Brennwertkesseln keiner zu verzeichnen wäre.

Kann durch die HKA der uneffiziente Sommerbetrieb einer größeren Heizanlage weitgehend unterdrückt werden (im Sommer ausschließlich HKA-Betrieb), so ergibt sich zusätzlich eine Effizienzsteigerung des gesamten Heizsystems, was sich in geringeren Brennstoffkosten ausdrückt.

■ **Brennstoffpreis:**

Sicherlich ist die Höhe des Brennstoffpreises maßgeblich, er ist jedoch von untergeordneter Bedeutung, wenn er sich – bezogen auf die Brennstoffe Erdgas und Heizöl – im üblichen Rahmen bewegt. Die größeren Unterschiede zwischen Erdgaspreis und Heizölpreis kompensieren sich durch entgegengesetzt wirkende Wartungskosten.

Gerätebezogene Einflußgrößen:

Diese werden durch die Konstruktion, Produktion und Qualitätssicherung der BHKW bestimmt. Wesentliches Gewicht dabei haben auch das bestehende Servicenetz (falls überhaupt vorhanden) und der Ausbildungsstand des Servicepersonals. Gerätespezifische Hauptfaktoren sind:

■ **Lebensdauer:**

Es ist bedeutend, wie lange das Produkt BHKW genutzt werden kann, bevor eine Reinvestition fällig wird. Die HKA ist für eine Lebensdauer von über 80.000 Betriebsstunden gebaut. Das bedeutet im Mittel ca. 15 Jahre. Damit sind Amortisationszeiten von unter 8 Jahren immer noch vertretbar.

■ **Wartungs- und Servicekosten:**

Nicht nur die Lebensdauer, sondern auch die laufenden Betriebskosten für Wartung und Service bestimmen die Wirtschaftlichkeit. Entstehen dort hohe Kosten, durch z. B. qualitativ mangelhafte Produkte oder fehlendes Servicenetz, so sind sehr schnell eventuell geringere Investitionskosten kompensiert. Entstehen bei Mini-BHKW Kosten für Wartung und Service von über 7 Pf/kWh_{el}, so wird i. d. R. eine Wirtschaftlichkeit schwer darstellbar. Bei der HKA liegen diese Kosten zwischen 3,0–4,5 Pf/kWh_{el}.

■ **Gerätepreis und Installationskosten:**

Diese durchaus wichtigen Faktoren sind – solange sie sich im Rahmen der üblichen Verhältnisse bewegen – nicht stark ausschlaggebend. Werden bei Einsatz einer HKA und sonst üblichen Verhältnissen jährliche Überschüsse von etwa 6.000 DM erwirtschaftet, wirkt sich eine Differenz im Gerätepreis oder in den Installationskosten von z. B. 3.000 DM nicht entscheidend aus. Die Änderung in der Amortisationszeit beträgt dann 0,5 Jahre.

Steuerrechtliche Einflußgrößen:

Durch das Gesetz zum Einstieg in die ökologische Steuerreform (Ökosteuer) vom 1. 4. 1999 wird die KWK gegenüber einer getrennten Strom- und Wärmeerzeugung steuerlich begünstigt. Besonders die Anlagen bis 2.000 kW_{el} werden enorm begünstigt. Zusammen mit der Mehrwertsteuer liegen die auf den Heizölpreis umgelegten Vorteile bei 14 Pfennig je Liter Heizöl.

■ **Mineralölsteuer:**

Die Mineralölsteuer wird erlassen, erstattet oder vergütet, wenn die KWK-Anlage mit einem Monatsnutzungsgrad von über 70 % eingesetzt wird (Kap. 5.3).

■ **Stromsteuer:**

Die Stromsteuer entfällt bei KWK-Anlagen, wenn die Nennleistung unter 2.000 kW_{el} liegt (Einschränkungen siehe Kap. 5.3).

7.3 Untersuchung verschiedener Einsatzfälle aus einem Testprogramm

Die Auswahl der Objekte erfolgte dabei nicht ausschließlich nach wirtschaftlichen Kriterien, sondern war Bestandteil eines Demonstrationsvorhabens in Hessen. Ziel war vielmehr, an unterschiedlichsten Objekttypen den Einsatz hinsichtlich jährlicher Vollbenutzungsstunden, Eigenstromverbräuche etc. zu prüfen. Außerdem sollten Contracting-Modelle getestet werden. Daher geben die anschließenden Wirtschaftlichkeitsberechnungen keinen Aufschluß darüber, ob nicht in Einzelfällen ein BHKW größerer Leistung oder der Einbau mehrerer Module wirtschaftlich sinnvoller gewesen wäre. Untersucht wurden typische Beispiele von Anwendersegmenten:

• Mehrzweckhalle mit Gaststätte
• Niedrigenergie-Wohnsiedlung mit Nahwärme
• Tagungsstätte
• Hotel
• Mehrfamilien-Wohnhaus
• Bildungszentrum mit Hotelcharakter

7.3.1 Berechnungsvarianten

Auf diese sechs genannten Beispiele aus der Praxis wurden rechnerisch verschiedene Betreibermodelle angesetzt, die sich vor allem auf der Strom- bzw. Benutzerseite unterscheiden. Damit lassen sich leicht die unterschiedlichen Verhältnisse verdeutlichen.

Modell 1: 100 % Netzeinspeisung; der Investor kauft, installiert und betreibt die HKA beim Kunden und liefert – in der Regel aus rechtlicher und verwaltungstechnischer Vereinfachung – den Strom komplett in das öffentliche Netz. Meist handelt es sich dann um Contracting-Modelle eines EVU.

Modell 2: 100 % Strombezugsvermeidung; der gesamte erzeugte Strom bleibt im Objekt; keine Stromeinspeisung (z. B. privater Investor, Gewerbebetrieb); bei Objekten mit einer elektrischen Grundlast größer der elektrischen HKA-Leistung.

Modell 3: teilweise Strombezugsvermeidung; x % des erzeugten Stromes gehen in das Objekt und 100 – x % in das öffentliche Netz (privater Investor, Wohnhauseigentümer); bei Objekten mit einer elektrischen Grundlast kleiner der elektrischen HKA-Leistung.

Modell 4: Stromweiterverkauf an Dritte mit/ohne der bisher notwendigen Genehmigung nach dem Energiewirtschaftsgesetz (EnWG). In der Regel betrifft dies Contracting/Betreibermodelle in Mehrfamilienhäusern oder gemischt genutzte Objekte (Gewerbe + private Wohnungen in einem Objekt), bei denen aus wirtschaftlichen Gründen (geringe Rückspeisevergütungen) diese Variante interessant ist.

Tab. 7.1 Eckwerte für die Wirtschaftlichkeitsberechnung

HKA-Moduldaten	Serienausführung (Rechenwerte)
Elektrische Nettoleistung	5,4 kW
Wärmeleistung	12,5 kW
Gasleistung	20,5 kW
Lebensdauer HKA	80.000 Betriebsstunden
Lebensdauer Installation	80.000 Betriebsstunden
Wartungsintervall	3.500 Betriebsstunden
Modulkosten	19.300 DM + Installation
Zinssatz für die dynamische Amortisationszeit	7 %
Vollwartungskosten[1]	
10 Jahre, max. 80.000 Bh	1 Modul
	4,25 Pf/kWh$_{el}$
	2 Module
	4,03 Pf/kWh$_{el}$
10 Jahre, max. 60.000 Bh	1 Modul
	4,03 Pf/kWh$_{el}$
	2 Module
	3,83 Pf/kWh$_{el}$
Förderung[2]	5.500 DM

[1] Es wird ein Vollwartungsvertrag angesetzt, der einen Betrachtungszeitraum von ca. 10 Jahren sichert (je nach Modullaufzeit).

[2] Seit Dezember 1997 gilt im Bundesland Hessen für Gas-HKA eine Förderung von 1.000 DM/kW elektrisch.

7.3.2 Randparameter zur Berechnung

Es wurden die Kenndaten für die erdgasbetriebene HKA eingesetzt. Folgende Eckwerte wurden verwendet (Tab. 7.1):

Reale Werte:

Es werden die im Objekt tatsächlich auftretenden Bedingungen berücksichtigt für:

- Installationskosten (Standardkosten)
- Laufzeit
- Strom-Eigennutzung/Netzeinspeisung
- Brennstoffkosten (Arbeit und Leistung)
- Stromkosten (Arbeit und Leistung)
- Nutzungsgrad der Heizanlage (Wärmepreis)
- Sonstige objektspezifische Eigenschaften

Sonstiges:

Es wird davon ausgegangen (Ausnahme Modell 4), daß der vorher gültige Stromtarif bestehen bleibt.

Beim Modell 4 wird eine Umtarifierung in einen Stromtarif mit 96-h-Leistungsmessung angenommen.

Durch den Einsatz eines quasi „Grundlast-Wärmeerzeugers" (der HKA) wird der Heizkessel im Sommer – in dieser Zeit existiert ein sehr schlechter Kesselnutzungsgrad – nicht mehr oder sehr selten in Betrieb sein. Dadurch reduzierten sich die Anlageverluste insgesamt, was in der Berechnung als Nutzungsgradverbesserung berücksichtigt wird (ca. 1%- bis 2%-Punkte).

Über die Höhe der Vergütung von Strom, der in das öffentliche Stromnetz gespeist wird (Rückspeisung), gibt es keine bundesweit geltende gesetzliche Regelung. Diese wird aber demnächst erwartet. Nur wenn das BHKW mit Deponie-, Klär-, Biogas, Pflanzenöl (auch Biodiesel = Rapsmethylester) betrieben wird, gilt ab 1. 4. 2000 das Erneuerbare-Energiegesetz (EEG). Danach müssen für diesen Strom vom örtlichen Stromversorger 20 Pf/kWh bezahlt werden.

Für Erdgas- oder Heizöl-BHKW hat sich die Stromvergütung nach der Verbändevereinbarung zwischen VDEW (Vereinigung deutscher Elektrizitätswerke), BDI (Bundesverband der Deutschen Industrie) und der VIK (Vereinigung der industriellen Kraftwirtschaft) eingebürgert. Diese Regelung bezog sich anfangs vor allem auf Anlagen mit größeren Leistungen, wurde aber dann von den EVUs auch auf Anlagen mit kleinen Motor-Heizkraftwerken angewendet.

Nach mehreren Untersuchungen und den kritischen Stellungnahmen des Bundesverfassungsgerichtes zur Verbändevereinbarung erbringt die gegenwärtige Vergütungspraxis mit rd. 10 Pf/kWh (als Mix zwischen Hoch- und Niedertarif und Sommer und Winter) zu geringe Einspeisevergütungen. Es kommen auch Extremfälle von nur 5 Pf/kWh, aber auch 17 Pf/kWh vor. Über die in Zukunft geltenden Vergütungen wird auf verschiedenen fachlichen und politischen Ebenen heftig diskutiert. Je nach Einsatzprofil des BHKW werden durchschnittliche Stromvergütungen bei Netzeinspeisung um 14 Pf/kWh für „gerecht" gehalten.

Die Stadt Frankfurt am Main hat gezeigt, daß es möglich ist, einen politischen Ordnungsrahmen zu beschließen, der die Einspeisevergütung für kleine BHKW bis 50 kW$_{el}$ an eine gesetzliche Regelung koppelt. Es gelten 75 % der im Stromeinspeisungsgesetz geregelten Durchschnittserlöse über Letztverbraucher. Das sind für 2000 13,4 Pf/kWh. Dafür müssen jedoch auch Bedingungen vom Anlagenbetreiber erfüllt werden, die die positiven Umweltaspekte der BHKW noch verstärken sollen:

• der Gesamtnutzungsgrad der Anlage muß mehr als 70 % betragen
• die Stickoxidemissionen müssen unter 250 mg/Nm^3 (bezogen auf 5 % O$_2$) liegen.

Das Vorgehen der Stadt Frankfurt könnte auch für andere Stadt- oder Gemeindewerke Vorbild sein. Durch einen Beschluß des Stadt- oder Gemeinderates kann eine evtl. noch lange dauernde politische Entscheidung über die Stromeinspeisevergütung vorgezogen werden. Die Höhe der Einspeisevergütung wirkt sich auf die Größe bzw. auf die Anzahl der Module aus, die wirtschaftlich betrieben werden können. Oberstes Ziel für einen privaten Betreiber ist es heute immer noch, den selbsterzeugten Strom im Objekt zu verbrauchen und möglichst wenig Strom in das Netz des örtlichen Stromversorgers zu speisen, weil die Einspeisevergütung deutlich geringer ist als die Strombezugskosten.

Die Höhe der vermiedenen Bezugskosten im Tarifbereich von 15 bis 28 Pf/kWh beeinflussen die Wirtschaftlichkeit ganz entschieden. Mit jedem weiteren Modul wird dann der Anteil der Stromerzeugung, der zu niedrigen Einspeisevergütungen rückgeliefert werden muß, höher. Eine restriktive Praxis bei der Einspeisevergütung mindert daher das wirtschaftliche Potential der BHKW-Technik.

Durch das reformierte Energiewirtschaftsgesetz und die Ökosteuer kann dagegen das wirtschaftliche Potential enorm gesteigert werden. Es eröffnet in zigtausendfachen Einsatzfällen (Mehrfamilienhausbereich) für die Betreiber (ohne die früher notwendige Genehmigung) die Möglichkeit, den Strom in der Regel nach Haushaltstarifen an Dritte (z. B. Mieter) zu verkaufen und nicht mehr zu ungünstigen Einspeisevergütungen an den Stromversorger liefern zu müssen.

7.3.3 Übersicht der berechneten Modelle
Es wurde an 6 Objekten folgende Modellrechnung durchgeführt (Tabelle 7.2).

7.3.4 Ergebnisse der berechneten Modelle
Zusammenfassend sind die wichtigsten Ergebnisse tabellarisch aufgelistet. Die detaillierten Berechnungen mit allen Betriebsdaten sind in der Anlage enthalten. Dort finden sich alternativ alle Ergebnisse auch für die Gebiete, in denen keine Förderung erteilt wird.

Tab. 7.2 Übersicht der berechneten Objekte

	Mehr-zweck-halle mit Gast-stätte	Niedrig-energie-Wohnsied-lung mit Nahwärme	Tagungs-stätte	Hotel	Mehr-familien-Wohn-haus	Bildungs-zentrum mit Hotelcha-rakter
Modell 1a Rückspei-sung 15,4 Pf/kWh	X	–	–	–	X	–
Modell 1b Rückspei-sung 10,0 Pf/kWh	X	–	–	–	X	–
Modell 2 100 % Bezugs-vermeidung	O	–	O	–	–	O
Modell 3 Bezugs-vermeidung und Rück-speisung	–	O	–	O	O	–
Modell 4 Stromwei-terverkauf an Dritte	–	X	–	–	X	–

O Realmodell mit tatsächlichen Werten
X Modellrechnung mit fiktiven Werten

7.3.5 Schlußfolgerung der Modellrechnung

Bewertung der existierenden Verhältnisse und Optimierung.

- **Mehrzweckhalle mit Gaststätte**
  In der Mehrzweckhalle wurde ein fast ununterbrochener Betrieb der HKA realisiert. Durch die hohe Laufzeit, in Verbindung mit einer 100%igen Eigennutzung des erzeugten Stromes, wird die Anlage sehr wirtschaftlich betrieben, was zu einer Amortisationszeit von unter 5 Jahren führt.

Tab. 7.3 Ergebnisse der berechneten Modelle

		Mehrzweck-halle mit Gaststätte	Niedrig-energie-Wohn-siedlung mit Nahwärme	Tagungsstätte
		1 HKA	2 HKA	1 HKA
Modell 1a 100 % Netzeinspei-sung, Vergütung 15,4 Pf/kWh	jährlicher Überschuß in DM	3.467	–	–
	stat. Amortisation in Jahren[1]	6,5	–	–
	dyn. Amortisation in Jahren[2]	8,9	–	–
Modell 1b 100 % Netzeinspei-sung, Vergütung 10,0 Pf/kWh	jährlicher Überschuß in DM	1.008	–	–
	stat. Amortisation in Jahren	> 20	–	–
	dyn. Amortisation in Jahren	> 20	–	–
Modell 2 100 % Bezugsver-meidung (keine Rückspeisung)	jährlicher Überschuß in DM	4.819	–	4.648
	stat. Amortisation in Jahren	4,6	–	4,3
	dyn. Amortisation in Jahren	5,8	–	5,3
Modell 3 Bezugsvermeidung und Rückspeisung	jährlicher Überschuß in DM	–	3.672[3]	–
	stat. Amortisation in Jahren	–	9,7	–
	dyn. Amortisation in Jahren	–	16,9	–
Modell 4 Stromverkauf an Dritte	jährlicher Überschuß in DM	–	11.327	–
	stat. Amortisation in Jahren	–	2,0	–
	dyn. Amortisation in Jahren	–	2,2	–

		Hotel	Mehr-familien-Wohnhaus	Bildungs-zentrum mit Hotel-charakter
		1 HKA	2 HKA	1 HKA
Modell 1a 100 % Netzeinspei-sung, Vergütung 15,4 Pf/kWh	jährlicher Überschuß in DM	–	7.570	–
	stat. Amortisation in Jahren[1]	–	5,0	–
	dyn. Amortisation in Jahren[2]	–	6,3	–
Modell 1b 100 % Netzeinspei-sung, Vergütung 10,0 Pf/kWh	jährlicher Überschuß in DM	–	2.913	–
	stat. Amortisation in Jahren	–	12,9	–
	dyn. Amortisation in Jahren	–	> 20	–
Modell 2 100 % Bezugsver-meidung (keine Rückspeisung)	jährlicher Überschuß in DM	–	–	8.602
	stat. Amortisation in Jahren	–	–	4,4
	dyn. Amortisation in Jahren	–	–	5,4
Modell 3 Bezugsvermeidung und Rückspeisung	jährlicher Überschuß in DM	3.804	5.907[3]	–
	stat. Amortisation in Jahren	5,1	6,4	–
	dyn. Amortisation in Jahren	6,5	8,7	–
Modell 4 Stromverkauf an Dritte	jährlicher Überschuß in DM	–	12.777	–
	stat. Amortisation in Jahren	–	3,1	–
	dyn. Amortisation in Jahren	–	3,6	–

Fußnoten und Legende zur Tabelle siehe Seite 77

- **Niedrigenergie-Wohnsiedlung**
  Da durch den Einsatz von zwei HKA-Modulen wesentlich mehr Strom produziert wird, als in der Siedlung Allgemeinstrombedarf existiert, muß der überwiegende Teil ins Netz zurückgespeist werden. Durch diesen hohen Anteil und die sehr niedrige Rückspeisevergütung läßt sich eine Wirtschaftlichkeit nur sehr schlecht darstellen. Bei einer statischen Betrachtung liegt die Amortisationszeit knapp unter der Lebensdauer. Völlig anders gestaltet es sich, wenn der eigenerzeugte und zusätzlich bezogene Strom an die Einzelhäuser verteilt und verkauft würde. Dadurch ließe sich ein Stromwert von 22,5 Pf/kWh plus dem bisher existierenden pauschalen Leistungspreis von 135 DM je Wohnung gegenrechnen. Ohne einen Preisnachlaß an die versorgten Familien wäre eine statische Amortisationsdauer von ca. 2 Jahren darstellbar.

- **Tagungsstätte**
  In der Tagungsstätte ist ein hoher Grundlastbedarf an Wärme über das ganze Jahr hinweg gegeben. Die hieraus resultierende hohe Anzahl von über 7.000 Betriebsstunden ermöglicht einen wirtschaftlichen Betrieb der HKA und eine Amortisationszeit der Anlage von etwa 5 Jahren. Neben der hohen Betriebsstundenzahl gewährleistet die 100%ige Nutzung des erzeugten Stroms im Objekt eine entsprechend hohe Einsparung der Strombezugskosten.

- **Hotel**
  Die Voraussetzungen für einen wirtschaftlichen Einsatz der HKA in dem Hotel sind mit etwa 6.500 Betriebsstunden je Jahr gegeben. Der erzeugte Strom kann zum Großteil im Objekt genutzt werden, so daß teurer Strombezug dadurch substituiert werden kann. Die sehr niedrige Rückspeisevergütung fällt hier nicht so stark ins Gewicht, da der rückgespeiste Anteil mit etwa 10 % gering ist.

- **Mehrfamilienhaus**
  Obwohl in diesem Objekt 2 HKA mit jeweils 8.000 Betriebsstunden je Jahr betrieben werden konnten, ist bei einer statischen Amortisationszeit von 6,4 Jahren die Wirtschaftlichkeit nicht sehr gut. Dies liegt vor allem an dem hohen rückgespeisten Stromanteil (72 %), der lediglich mit 10 Pf/kWh vergütet wird. Eine deutliche Verbesserung ließe sich erreichen, wenn aller Strom direkt an die Mieter verkauft werden könnte (siehe Kapitel 7.2.6).

Fußnoten und Legende zu Tab. 7.3/Seite 76

[1] statische Amortisationszeit mit Eigenkapital ohne Kapitalverzinsung

[2] dynamische Amortisationszeit mit 7% Kapitalverzinsung

[3] Die Bezugsvermeidung stützt sich nur auf die Substitution des Allgemeinstromes. Der größte Stromanteil wurde für 9–10 Pf/kWh zurückgespeist.

     Realmodell mit tatsächlichen Werten

• **Bildungszentrum mit Hotelcharakter**
Durch die günstigen Voraussetzungen im Bildungszentrum, hoher Wärme-
und Strombedarf, können zwei HKAs sehr wirtschaftlich, mit durchschnittlich
fast 7.000 Betriebsstunden je Jahr betrieben werden. Der erzeugte Strom
wird zu 100 % im Objekt genutzt und ermöglicht so eine hohe Einsparung an
Strombezugskosten (ca. 8.600 DM je Jahr). Dies ergibt eine statische Amortisationszeit von etwas über 4 Jahren.

7.3.6 Diskussion der einzelnen Modelle

Modell 1:   Eine 100%-Netzeinspeisung führt üblicherweise zu keinem wirtschaftlichen Betrieb (Ausnahme: Betreiber ist Stromversorger). Bei
einer Rückspeisevergütung von über 14 Pf/kWh – dieser Wert entspricht etwa den „vermiedenen" und damit eigentlich zu „erstatten-
den" Kosten eines reinen Stromverteilers (Stadtwerke ohne eigene
Erzeugung) – wird die Grenze zur Wirtschaftlichkeit überschritten
(Abb. 7.1).

Modell 2:   Diese Variante stellt in der Regel die einfachste und die wirtschaftlichste Betriebsweise dar. Werden mittlere Stromkosten von über
17 Pf/kWh (Arbeitspreis + evtl. Leistungspreis) substituiert, kann
bei Laufzeiten über ca. 5.500 Betriebsstunden je Jahr eine statische Amortisationszeit unter 6 Jahren erzielt werden.

Modell 3:   Sofern Rückspeisevergütungen gemäß Verbändevereinbarung
vorliegen (9–10 Pf/kWh), sollte die Rückspeisemenge nicht über
50 % der erzeugten Strommenge liegen. Andernfalls wäre die Wirtschaftlichkeit in Frage gestellt. Bei einer höheren Rückspeisevergütung erhöht sich dieser Wert (Abb. 7.1).

Modell 4:   Mit diesem Modell eröffnet sich ein wirtschaftlich sehr interessan-
ter und zigtausendfacher Einsatzfall (Mehrfamilienhausbereich),
der allerdings höhere Anforderungen an den Betreiber stellt. Dieser verrechnet den Strom in der Regel nach Haushaltstarifen an
Dritte (z. B. Mieter) weiter (klassischer Fall: Mehrfamilienhaus mit
Einzelwohnungen und Haushaltstarifen von ca. 25 Pf/kWh).
Selbst unter Betrachtung der erforderlichen Abrechnungskosten
ergeben sich bei Wohnanlagen mit mehr als 20 Wohneinheiten in
der Regel statische Amortisationszeiten von unter 3,5 Jahren.
Dies gilt bei Stromtarifen für Zusatzstrom, die ein vergleichbarer
Vollstrombezieher erhält. Eine Genehmigung nach dem refor-
mierten Energiewirtschaftsgesetz ist voraussichtlich nicht mehr
erforderlich. Dennoch bleibt die Versorgungspflicht des örtlichen

Annahmen:

Brennstoffkosten:		3,40 Pf/kWh	100% Rückspeisung		
Investitionskosten:		19.300 DM	Installationskosten:		4.000 DM
Regelwar-	8.000 Bh	4,25 Pf/kWh	Anzahl HKA		2
tung und	6.000 Bh	3,62 Pf/kWh	Betrachtungszeitraum		10 Jahre
Instandhal-	4.000 Bh	3,02 Pf/kWh	ohne Förderung		
tung					
Wärmepreis		4,00 Pf/kWh			

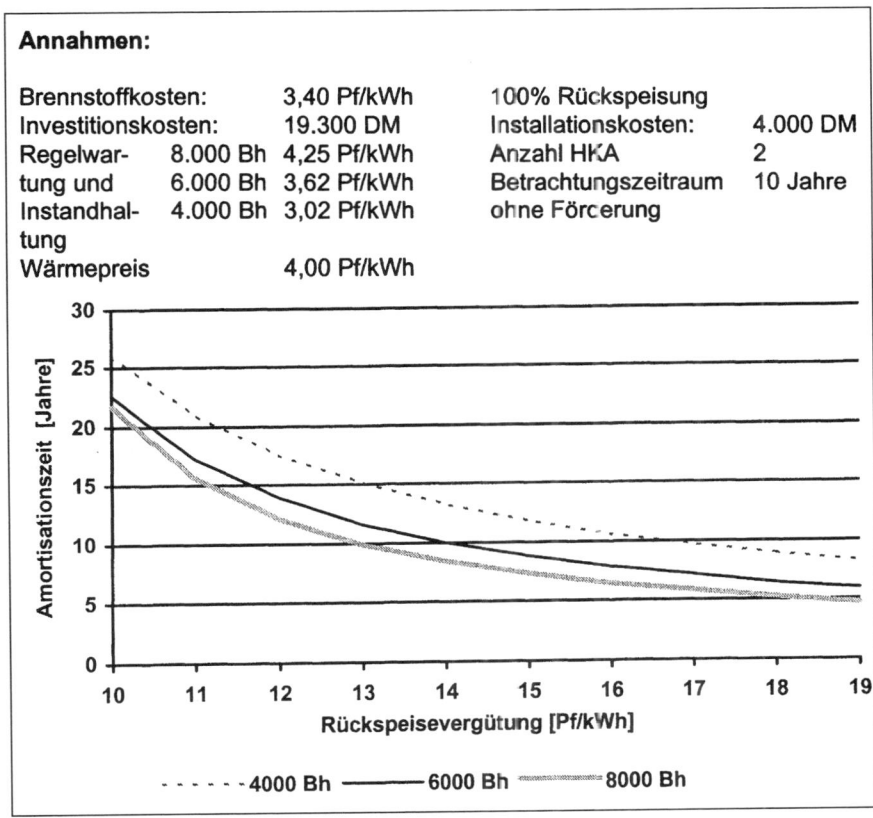

**Abb. 7.1   Amortisationszeit in Abhängigkeit von den Betriebsstunden
je Jahr und der Rückspeisevergütung**

Stromversorgers bestehen, wenn die KWK-Anlage unter 30 kW$_{el}$
hat (siehe Kapitel 5). Ungeachtet der noch bestehenden Detail-
probleme kann dieses Modell ur eingeschränkt für Mehrfamilienhäuser dann empfohlen werden, wenn Abrechnungen durchgeführt werden können.

Allgemein: Da es für den Betreiber wirtschaftlich sehr bedeutend ist, wieviel
vom selbsterzeugten Strom er selbst nutzen kann, ist eine vorhe-
rige Lastgangmessung sehr empfehlenswert.

Tab. 7.4 Kostenvergleich Gewinn aus Strom mit/ohne Stromverkauf an Dritte

	Tarif mit Schwach-lastregelung und Lei-stungsmes-sung (96 h)	Tarif mit Schwach-lastregelung und Lei-stungsmes-sung (1/4 h)
Strombezug Arbeit von EVU	50.000 kWh	50.000 kWh
Strompreis HT	17,5 Pf/kWh	17,5 Pf/kWh
NT	12,5 Pf/kWh	12,5 Pf/kWh
Mix	15,5 Pf/kWh	15,5 Pf/kWh
Strombezugskosten Arbeit vom EVU	7.750 DM/a	7.750 DM/a
Leistungsbedarf Strom (96-h- oder 1/4-h-Messung)	14,0 kW	30,0 kW
Leistungsbereitstellung HKA (Anrechnung: 90% bei 96-h- und 75% bei 1/4-h-Messung)	9,7 kW	8,1 kW
Leistungsbezug von EVU	4,3 kW	21,9 kW
Leistungspreis (DM/kWh bei 96-h-, DM/kW bei 1/4-h-Messung)	5,8 DM/kW	125 DM/kW
Arbeit in 96 Stunden	413 kWh	–
Strombezugskosten Leistung vom EVU	**2.395 DM**	**2.737 DM**
Rückspeisevergütung in Pf/kWh	10,0 Pf/kWh	10,0 Pf/kWh
Stromlieferung an EVU	11.000 kWh/a	11.000 kWh/a
Ertrag aus Stromverkauf an EVU	**1.100 DM**	**1.100 DM**
Stromverkauf an Mieter	120.000 kWh/a	120.000 kWh/a
Strompreis Arbeit	25 Pf/kWh	25 Pf/kWh
Erlös aus Stromverkauf an Mieter (Arbeit)	**30.000 DM/a**	**30.000 DM/a**
Fixer Leistungspreis (135 DM je Wohn-einheit)	4.050 DM/a	4.050 DM/a
Summe Erlös aus Stromverkauf an Mieter	34.050 DM/a	34.050 DM/a
Gewinn aus Strom mit Stromverkauf an Dritte (34.050+1.100-7.750-Bezugskosten Leistung)	**25.005 DM/a**	**24.663 DM/a**
Zum Vergleich bei Abrechnung Allgemeinstrom und Netzeinspeisung		
Substitution Allgemeinstrom durch HKA (Deckung 90%)	18.000 kWh/a	
Erlös aus Allgemeinstrom	4.500 DM/a	
Stromlieferung an EVU	63.000 kWh/a	
Ertrag aus Stromverkauf an EVU	6.300 DM/a	
Gewinn aus Strom ohne Stromverkauf an Dritte (4.500 + 200)	**10.800 DM/a**	**10.800 DM/a**

7.3.7 Beispiel für den Stromverkauf an Dritte

Detaillierte Betrachtung am Beispiel eines Mehrfamilienhauses mit 30 Wohneinheiten

1. Basisdaten

Anzahl der Wohnungen	30
Strombezug aller Wohnungen	100.000 kWh/a
Strombezug allgemein	20.000 kWh/a
Strombezug gesamt	120.000 kWh/a
Fall 1:	
Leistungsbedarf (96-h-Mittel) alle Wohnungen	11,5 kW
Leistungsbedarf (96-h-Mittel) allgemein	2,5 kW
Summe	14,0 kW
Fall 2:	
Leistungsbedarf (1/4-h-Mittel) alle Wohnungen	25,0 kW
Leistungsbedarf (1/4-h-Mittel) allgemein	5,0 kW
Summe	30,0 kW

2. Strombezug / Stromrückspeisung mit HKA

Stromerzeugung 2 HKA (je 7.500 h/a)	81.000 kWh/a
Stromverbleib im Objekt	70.000 kWh/a
Rückspeisung ins Netz	11.000 kWh/a
Reststrombezug aus Netz	50.000 kWh/a

3. Kostenvergleich (Tab. 7.4)

Es handelt sich nur um die Betrachtung Erlöse aus der Stromseite. Zählermiete, Abschreibungen, Abrechnungskosten und Mehrwertsteuer sind nicht berücksichtigt.

4. Fazit:

Nur bei Stromverkauf an Dritte und eine Vergütung nach Haushaltstarifen läßt sich die HKA in Mehrfamilienhäusern, gemischt genutzten Objekten und nahwärmeversorgten Gebieten zur Zeit wirtschaftlich betreiben.

7.4 Kurzverfahren zur Berechnung der Wirtschaftlichkeit

In vielen Einsatzfällen ist es bei Mini-BHKW zunächst nicht notwendig, die Wirtschaftlichkeit wie in Kap. 7.2 zu berechnen. Daher soll an dem nachfolgenden Beispiel mit den folgenden wichtigen Eckdaten die Wirtschaftlichkeit eines Mini-BHKW überprüft werden. Strombezugskosten, Ökosteuer, die Brennstoffkosten, die Betriebsstunden je Jahr und die Investitionen einschließlich der Anbindung. Als Ergebnis wird der Gewinn ermittelt. Teilt man noch die Investition durch den Gewinn abzüglich der durchschnittlichen Wartungskosten, so ergibt sich die statische Amortisationszeit.

Die mittleren Strombezugskosten als erster Parameter ergeben sich aus der Stromrechnung und der Art des Tarifs. Die Abbildung 7.2 zeigt die unterschiedlichen Tarifarten und wie der mittlere Strompreis bestimmt werden kann. Die typischen Prozentwerte für die Aufteilung Hochtarif/Niedertarif können durch die tatsächlichen Verhältnisse ersetzt werden. Im allgemeinen wird der mittlere Arbeitspreis in typischen Objekten im Fall der 96-Stunden-Messung bei 16 bis 18 Pf/kWh liegen. Für den mittleren Strompreis kommt noch der Leistungsanteil hinzu, so daß, wie in dem gewählten Beispiel in der Tab. 7.5, die Strombezugskosten leicht bei 22 Pf/kWh liegen können.

Auch für die Brennstoffkosten werden die entsprechenden Rechnungen benötigt. Wenn der Erdgasverbrauch nicht in kWh abgerechnet wird, kann überschlägig mit 10 kWh je m^3 Erdgas gerechnet werden. Bei Heizöl gilt etwa 10 kWh je Liter, bei Flüssiggas 6,8 kWh je Liter.

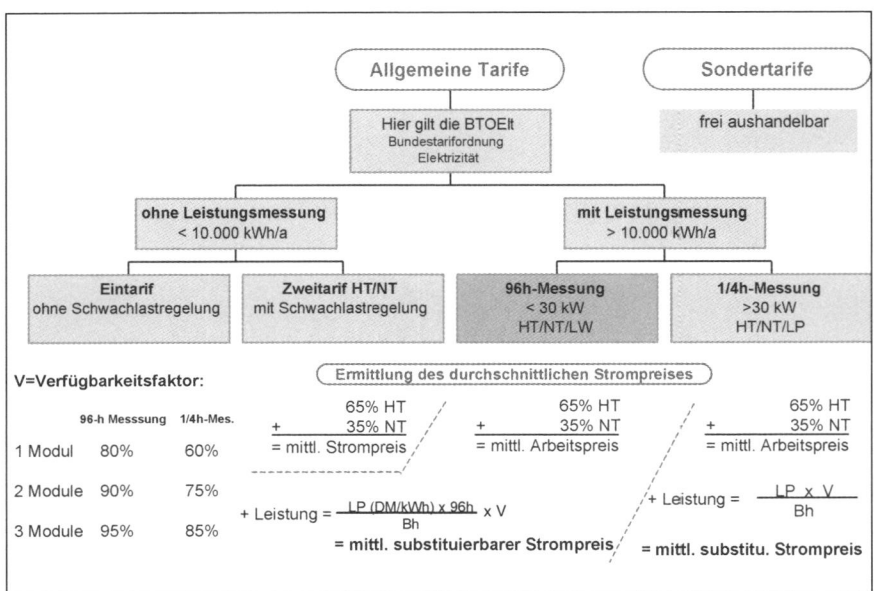

Abb. 7.2   Stromtarifstrukturen und Bestimmung des mittleren Strompreises

Ermittlung der HKA-Betriebsstunden pro Jahr

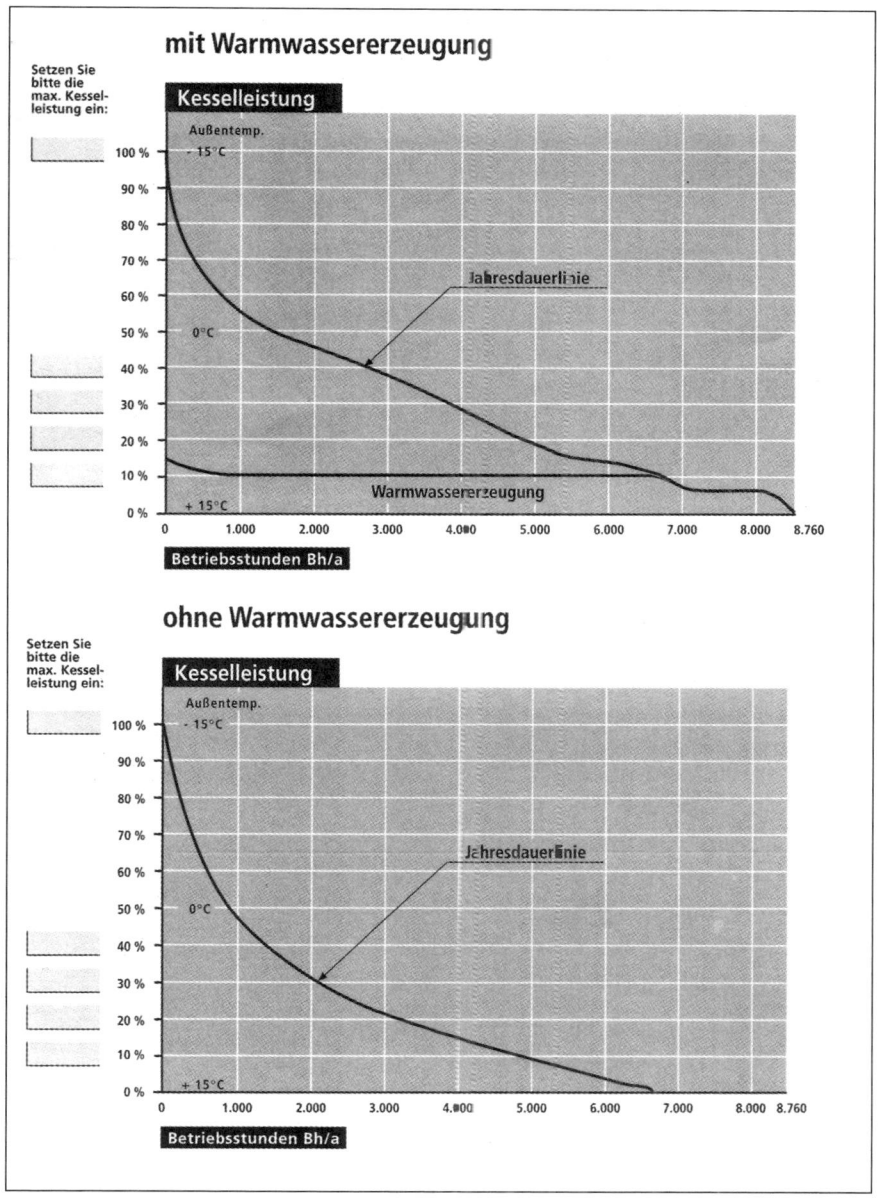

Abb. 7.3   Vom Wärmebedarf zur HKA-Laufzeit

Um die voraussichtlichen Betriebsstunden der HKA zu bestimmen, ist die Abbildung 7.3 nützlich. Mit Hilfe der normierten Jahresdauerlinien (einmal mit und einmal ohne Warmwasserbereitung über die HKA) kann aus dem maximalen Wärmebedarf des Objektes die Laufzeit der HKA in etwa ermittelt werden.

Tab. 7.5   **Beispiel für eine überschlägige statische Wirtschaftlichkeitsrechnung ohne und mit der Ökosteuer**

• Eckdaten:

Laufzeit:		6.000 Stunden je Jahr
Gaspreis:		5,0 Pf/kWh
Wärmepreis:		6,2 Pf/kWh
Strompreis:	mittl. Arbeit 18 Pf/kWh	
	+ Leistung 270 DM/kW u. a	
	mittl. Strompreis	22,15 Pf/kWh

• Jährliche Bilanz **ohne Ökosteuer:**

Gewinn Strom:	5,5 kW·6.500 Bh·0,2215	7.920 DM/a
Gewinn Wärme:	12,5 kW·6.500 Bh·0,062	+ 5.037 DM/a
Gaskosten :	20,5 kW·6.500 Bh·0,05	− 6.662 DM/a

Einsparung gesamt	**6.295 DM/a**
Wartung + Instandhaltung	− 1.294 DM/a
Jährlicher Überschuß	**5.001 DM/a**

Amortisationszeit	**4,8 Jahre**
(bei 24.000 DM Investition inkl. Installation ohne Kapitalzins)	

• Jährliche Bilanz **mit Ökosteuer (1. 4. 1999 bis 31. 12. 1999):**

Gewinn Strom:	5,5 kW·6.500 Bh·0,2215	7.920 DM/a
Gewinn Wärme:	12,5 kW·6.500 Bh·0,062	+ 5.037 DM/a
Stromsteuer:	5,5 kW·6.500 Bh·0,02	+ 715 DM/a
Mineralölsteuer:	22,8 kW·6.500 Bh·0,0068	+ 1.008 DM/a
Gaskosten:	20,5 kW·6.500 Bh·0,05	− 6.662 DM/a

Einsparung gesamt	**8.018 DM/a**
Wartung + Instandhaltung	− 1.294 DM/a
Jährlicher Überschuß	**6.724 DM/a**

Amortisationszeit   **3,6   Jahre**
(bei 24.000 DM Investition inkl. Installation
ohne Kapitalzins)

• Änderungen des jährlichen Überschusses und cer Amortisationszeit durch
  die Ökosteuer und ihre Fortschreibung:

	Einheit	bis 31. 3. 1999	ab 1. 4. 1999	ab 1. 1. 2000	ab 1. 1. 2001	ab 1. 1. 2002	ab 1. 1. 2003
Jährlicher Überschuß	DM	5.001	6.724	6.903	7.082	7.260	7.439
Amortisationszeit	Jahre	4,8	3,6	3,5	3,4	3,3	3,2

Der Verfügbarkeitsfaktor gibt die Wahrscheinlichkeit eines HKA-Betriebes in
den relevanten Spitzenzeiten des Leistungsbezuges an. Bei üblichen Verhältnissen ist der Verfügbarkeitsfaktor folgendermaßen anzusetzen:

	96-h-Messung	**1/4-h-Messung**
1 Modul	80 %	60 %
2 Module	90 %	75 %
3 Module	95 %	85 %

Ist ein Lastmanagement vorhanden, was bei Überschreiten einer festgelegten
Leistungsgrenze entweder die HKA startet oder falls diese bereits in Betrieb ist
bzw. nicht in Betrieb gehen kann, vorher definierte Verbraucher kurzzeitig abschaltet, ist die Verfügbarkeit immer 100 %. Bei einer 1/4-h-Leistungsmessung,
insbesondere mit einem BHKW, ist ein Lastmanagement grundsätzlich sinnvoll.
Ausnahme ist, wenn keine Abschaltung von Verbrauchern durchführbar ist.

In einem Objekt mit durchschnittlichem Lastprofil, das die klimatischen Verhältnisse in Deutschland widerspiegelt, sollten im Regelfall folgende Werte erreicht werden, um Laufzeiten von mehr als 5.000 Stunden pro Jahr zu sichern:

• Maximaler Wärmebedarf > 40 kW thermisch; entsprechend Brennstoffkosten
  ab ca. 3.000 DM je Jahr

• Maximaler Strombedarf > 15 kW elektrisch; entsprechend Stromkosten ab
  ca. 5.500 DM je Jahr.

Der maximale Wärmebedarf von 40 kW wird bei einem älteren Wohngebäude
mit 5 bis 8 Wohneinheiten erreicht. Ein Neubau nach der Wärmeschutzverordnung von 1995 sollte 15 bis 20 Wohneinheiten haben.

Der maximale Wärmebedarf darf nicht mit der Kesselleistung gleichgesetzt werden, weil der Kessel oft überdimensioniert ist. Sollte sich bei dem Verhältnis Brennstoffverbrauch zu Kesselleistung ein Wert unter 1.100 Stunden ergeben, liegt eine Überdimensionierung des Kessels vor. Wenn die Benutzungsdauer zwischen 1.300 und 1.800 Stunden beträgt, entspricht der maximale Wärmebedarf in etwa der Kesselleistung.

Auch bei einer überschlägigen Wirtschaftlichkeitsrechnung muß die Ökosteuer berücksichtigt werden. In dem gewählten Beispiel (Tab. 7.5) wird für die HKA ohne Ökosteuer ein jährlicher Überschuß von 5.001 DM und eine Amortisationsdauer von 4,8 Jahren ausgewiesen. Wird jedoch die Ökosteuer vom 1.4.1999 bis 1.1.2003 berücksichtigt, so steigt der Überschuß von 6.724 auf 7.439 DM und die Amortisationsdauer geht von 3,6 auf 3,2 Jahre zurück. Die Wirtschaftlichkeit verbessert sich durch die Ökosteuer von 34 auf 49 %.

7.5 Wirtschaftlichkeit einer HKA im Ein- und Zweifamilienhaus

Für den Standard-Einsatz einer HKA sollte ein Normwärmebedarf im Objekt von über 40 kW und ein maximaler Leistungsbedarf beim Strom von über 15 kW vorliegen. Bei diesen Voraussetzungen sind Laufzeiten der HKA von über 5.000 Betriebsstunden je Jahr zu erreichen, was im allgemeinen zu einer Amortisationsdauer um 5 Jahre führt. Im Wohnungsbau werden diese Voraussetzungen erst bei Mehrfamilienhäusern mit über 6 bis 10 Wohneinheiten erreicht.

Auch wenn bei Ein- und Zweifamilienhäusern die genannten Einschränkungen hinsichtlich des Strom- und Wärmebedarfes zunächst nicht erfüllt sind, kann es doch zu einem wirtschaftlich vertretbaren Einsatz kommen. Dabei haben folgende Einflüsse und Entwicklungen eine positive Wirkung. Das BHKW-Potential könnte dadurch enorm gesteigert werden.

* Förderprogramme für BHKW (Investitionszuschuß und/oder erhöhte Einspeisevergütung
* Ökosteuer
* Ersatz alter Heizkessel durch HKA (monovalenter Betrieb) in größeren Objekten
* Bei Neubauten an Stelle des Heizkessels eine HKA (monovalenter Betrieb)
* Freie Wahl des Stromversorgers und desjenigen, der den Überschußstrom aufnimmt.

Gegenwärtig gibt es zwar noch kein einheitliches Bundes-Förderprogramm für BHKW, aber verschiedene Bundesländer und Städte fördern gezielt deren Einsatz.

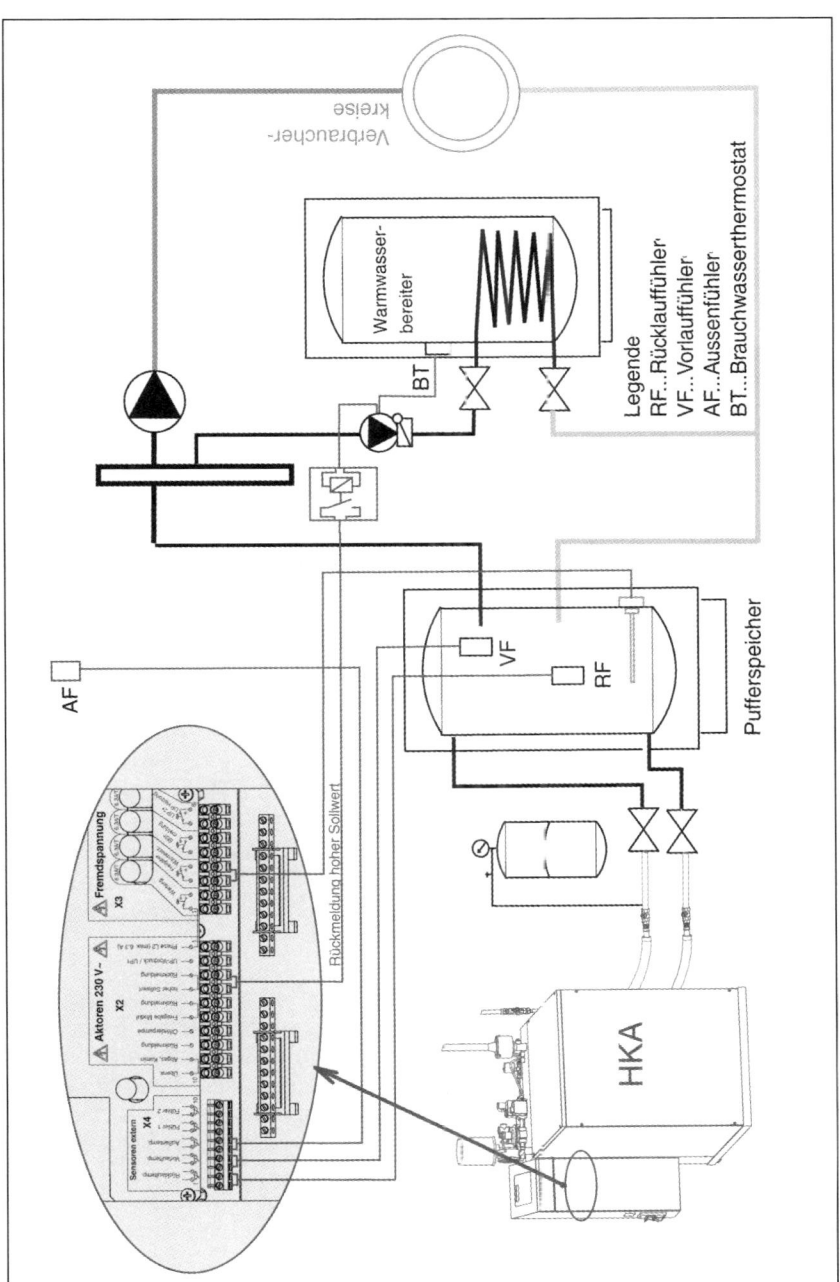

Abb. 7.4   HKA-Einbindung monovalent mit Pfufferspeicher

Folgende Fördermaßnahmen werden angeboten oder sind in der Diskussion:

- bis 30 % der Investitionssumme
- bis 1.000 DM je kW elektrisch
- erhöhte Einspeisevergütung bis 17 Pf/kWh
- ab 1.4.2000 eine Einspeisevergütung von 20 Pf/kWh für Strom aus Biomasse
- Ökosteuer (Strom- und Mineralölsteuer) entfällt.

Die Fördersituation ändert sich ständig, so daß man sich bei den öffentlichen Stellen vor dem Kauf einer HKA informieren sollte.

Der monovalente Betrieb im Ein- und Zweifamilienhaus bedeutet eine ausschließliche Versorgung durch die HKA, also ohne Heizkessel. Eine Entscheidung für diesen Anwendungsfall kann entweder beim Neubau oder beim Ersatz eines alten Heizkessels anstehen. Voraussetzung ist der Einbau eines Pufferspeichers (Abbildung 7.4), um die Taktzeiten der HKA zu verlängern.

Der wirtschaftliche Gewinn ergibt sich durch die Einsparung der Investitionen für den Heizkessel. In der Wirtschaftlichkeitsberechnung können diese dann der HKA gutgeschrieben werden.

Die Laufzeit der HKA richtet sich nach dem Wärmebedarf im Objekt. Für den gleichzeitig erzeugten Strom steht in Ein- und Zweifamilienhäusern meist ein zu geringer Strombedarf gegenüber. Der zuviel erzeugte Strom wird bisher zu geringen Vergütungen in das Netz des örtlichen Stromversorgers eingespeist. Das neue Energiewirtschaftsgesetz bietet die Chance einer Marktöffnung, so daß es zu einem freien Kauf und Verkauf von Strom zu fairen Bedingungen kommen kann. Bis sich letztendlich ein freier Handel mit Strom entwickelt, müssen noch verwaltungsrechtliche Rahmenbedingungen geschaffen und viel Pionierarbeit geleistet werden. Die rechtliche Voraussetzung für eine Marktöffnung ist jedoch mit dem Energiewirtschaftsgesetz bereits gegeben.

Das gewählte Beispiel (Tabelle 7.5) soll zeigen, daß sogar ohne die Möglichkeiten des Energiewirtschaftsgesetzes, jedoch bei einer günstigen Einspeisevergütung ein wirtschaftlicher HKA-Einsatz im Ein- und Zweifamilienhaus möglich ist. Für den monovalenten Betrieb, d. h. ohne Heizkessel, werden nur die Mehrinvestitionen angesetzt. Mit der Tabelle 7.5 oder dem beiliegenden Programm kann der Gang der Wirtschaftlichkeitsberechnung nachvollzogen werden. Die Eckdaten daraus sind:

Kosten neuer Kessel		Kosten HKA monovalent	
Kessel	7.000 DM	HKA	19.800 DM
		Installation	3.200 DM
		Pufferspeicher	2.000 DM
		Förderung	–2.000 DM
Invest.summe	**7.000 DM**	**Invest.summe**	**23.000 DM**
		Einspeisevergütung	**14 Pf/kWh**
		Mehrinvestitionen	**16.000 DM**
		Jährliche Einsparung	**2.295 DM**
		Amortisation	**7,0 Jahre**
		ohne Kapitalzins	

Das bedeutet, daß deutlich unterhalb der 15jährigen Lebensdauer des Gerätes (nach ca. 45 % der Zeit) eine Amortisation gegeben ist. Die komplette Investition – ohne Abzug der Kosten für der Kessel und ohne Förderung – würde sich nach 11 Jahren bezahlt machen, also noch immer unterhalb der Lebensdauer. Mit einem konventionellen Heizsystem gibt es nie eine Amortisation. Das Geld ist immer verloren.

Tab. 7.5 Wirtschaftlichkeit einer HKA in einem Einfamilienhaus

So wirtschaftlich ist der Betrieb der SENERTEC-Gas-HKA !		
Projekt, Betreiber:	**Einfamilienhaus mit Einliegerwohnung; 200 qm**	Seite 1 von 3 Seiten

1. Objektdaten		Die Rechnung wird in folgender Währung durchgeführt:
1.1 Objektart		**Deutsche Mark**
Objekt-Charakteristik ?	*(wichtig für automatische Abschätzung der HKA-Laufzeit pro Jahr !)*	mit Schwimmbad (Hotel, Schule, Kundinik, EFH, etc.) ▼
Warmwasserbereitung (WW) durch Ihre Heizanlage ?		ja ▼
		Kombination ist i.O.

1.2 Daten der Heizung		
Typ der Heizanlage ?	*(Heizkessel oder Nah- bzw. Fernwärme)*	Standardkessel > 10 Jahre; n = 75 % ▼
Wärmepreis ?	*(nur bei Fern- oder Nahwärme/ pro MWh)*	
(Notwendige) Heizleistung ?	*(bei monovalentem Betrieb: theoretisch notwendige Kesselleistung in kW)*	24 kWth

1.3 Daten des Gasbezugs		
Brennstoffkosten Arbeit (Brennwert Ho) ?	*(aus der Gasabrechnung/ pro kWh !)*	0,0450 pro kWh	Achtung:
Brennstoffkosten Arbeit (Heizwert Hu) ?	*(umgerechnet auf Hu/ pro kWh !)*	0,0491 pro kWh	Den in der Erdgasabrechnung
Brennstoffkosten Leistung ?	*(aus der Gasabrechnung/ nur wenn zusätzliche Brennstoffleistung der HKA auch wirklich bezahlt werden muß ! proKW !)*	0,00 pro kW	i.d.R. auf Ho bezogenen Wert eingeben --> wird auf Hu umgerechnet; mit Ökosteuerzuschlag !
Gasjahresverbrauch ohne HKA (vom letzten Jahr oder Schätzung) ?	*(zur Plausibilitätskontrolle und zur Ermittlung der Mineralölsteuerersparnis/ nicht bei Nah- und Fernwärme; in kWh)*	100.000 kWh	
Ihre obigen Angaben ergeben diese Kesseljahreslaufzeit!	*(auf Plausibilität prüfen und u.U. Heizleistung, Typ Heizanlage und/oder Gasjahresverbrauch ändern; bei Nah-/Fernwärme nicht relevant!)*	3.125 Bh	

1.4 Ökosteuer		
Besteht Anspruch auf reduzierte Ökosteuersätze (Strom und Mineralöl) ?		nein ▼	nur produzierendes Gewerbe oder Land- und Forstwirtschaft!

1.5 Daten des Strombezugs		**Variante A**	**Variante B**
Achtung: Bei ¼-Std.-Messung Leistungspreis unbedingt pro kW und Jahr; Arbeitspreis ohne Ökosteuer!			
Mittlerer Strompreis Arbeit ?	*(aus der Stromabrechnung/pro kWh)*	0,2550 pro kWhel	0,2550 pro kWhel
Strompreis Leistung ?	*(aus der Stromabrechnung/ bei ¼-Std.-Leistungsmessung pro kW u. Jahr; bei 96-Std.-Leistungsmessung pro kWh in 96h !)*		
Mittlere Einspeisevergütung ?	*(nach Verbändevereinbarung bzw. Tarif Ihres EVU/ pro kWh)*	0,140 pro kWhel	0,140 pro kWhel
Stromjahresverbrauch ohne HKA (vom letzten Jahr oder Schätzung) ?	*(zur Plausibilitätskontrolle und zur Ermittlung der Stromsteuerersparnis in kWh)*	7.150 kWhel	

2. Daten der "Heiz-Kraft-Zentrale"			
2.1 Typ und Anzahl HKA			
Welcher Typ HKA soll installiert werden ?		HKA-G 5,5 kW ▼	HKA-G 5,5 kW ▼
Wieviel HKA-Module sollen installiert werden ?		1 HKA ▼	1 HKA ▼

2.1 Zusätzliche(r) AWT			
Wird zusätzlich jeder HKA ein Abgas-Kondensations-Wärme-Tauscher (AWT-G1) nachgeschaltet ?	*(wenn ja, bitte Kühlwassertemperatur für AWT auswählen - niedrige Temperaturen sind z.B. mit der "BOMAT" - Zwei-Kreis-Technik realisierbar !)*	nein ▼	nein ▼
Damit beträgt der zusätzliche Wärmegewinn durch den AWT pro HKA:		0,0 kW	0,0 kW

2.3 Zusätzliches Lastmanagement			
Um wieviel "kW" wird die Stromspitze durch "LASY 2000" zusätzlich reduziert ?	*(hier sind über Notiz Bemerkungen hinterlegt !)*		

2.4 Laufzeit der HKA			
Wie soll die Mindestlaufzeit je HKA-Modul und Jahr ermittelt werden ?	*("automatisch über übliche Jahresdauerlinie und Heizleistung Ihrer "Heiz-Kraft-Zentrale"" oder "Eingabe von Hand")*	Eingabe von Hand ▼	Eingabe von Hand ▼
Welche Laufzeit wird erwartet ?	*(nur bei "Eingabe von Hand"/ in Bh/Jahr !)*	3000 Bh	3.500 Bh
Diese Laufzeit pro HKA-Modul und Jahr ergibt sich aus obigen Angaben		3.000 Bh	3.500 Bh

2.5 Technische Daten			
Das sind die technischen Daten dieser "Heiz-Kraft-Zentrale" (Summe Module):			
Elektrische Leistung:		5,5 kW	5,5 kW
Wärmeleistung (ev. incl. AWT):		12,5 kW	12,5 kW
Brennstoffleistung:	*(Hu - Erdgas: ca. 10 kWh/m³, Hu - Flüssiggas: ca. 6,8 kWh/l)*	20,5 kW	20,5 kW

Tab. 7.5 Wirtschaftlichkeit einer HKA in ... (Fortsetzung)

Projekt/ Betreiber:	Einfamilienhaus mit Einliegerwohnung; 200 qm		Seite 2 von 3 Seiten

3. Anschaffungskosten

HKA-Module		Variante A	Variante B
Richtpreis für 1 HKA-Modul !	(hier sind über Notiz Bemerkungen hinterlegt!)	19.800,00	19.800,00
Angebotspreis für 1 HKA-Modul:	(nur eingeben wenn vom Richtpreis abweichend!)		
Damit kosten alle HKA-Module in Summe:		19.800,00	19.800,00

Abgaswärmetauscher			
Richtpreis für 1 Abgaswärme-tauscher AWT-G1 incl. Zubehör !	(hier sind über Notiz Bemerkungen hinterlegt!)	2.827,00	2.827,00
Angebotspreis für 1 AWT-G1:	(nur eingeben wenn vom Richtpreis abweichend!)		
Damit kosten alle Abgaswärmetauscher in Summe:		0,00	0,00

Lastmanagement			
Richtpreis für 1 Lastmanagement !	(hier sind über Notiz Bemerkungen hinterlegt!)	3.850,00	3.850,00
Soviel LASY werden benötigt:		0	0
Angebotspreis für 1 LASY:	(nur eingeben wenn vom Richtpreis abweichend!)		
Damit kostet das Lastmanagement für den Kunden in Summe:		0,00	0,00

weitere Sonderkosten			
	(z.B. für Pufferspeicher, Kamin)	2.000,00	2.000,00

Installation			
Richtpreis für Installation !	(hier sind über Notiz Bemerkungen hinterlegt !)	4.500,00	4.500,00
Angebotspreis für Installation:	(nur eingeben wenn vom Richtpreis abweichend !)	3.200,00	3.200,00
Damit kostet die Installation für den Kunden in Summe:		3.200,00	3.200,00

Damit kostet die komplette Heiz-Kraft-Zentrale in Summe:		25.000,00	25.000,00

Förderungen, Einsparungen			
Wieviel Fördermittel gibt es ?	(z.B. durch Bund, Land, Gemeinde oder EVU)	2.000,00	2.000,00
Eingesparte Summe für Heizkessel ?	(bei monovalenten Betrieb !)	7.000,00	7.000,00

Das macht in Summe "bereinigt":		16.000,00	16.000,00

4. Betriebskosten

4.1 Servicekosten		Variante A	Variante B
Welchen Servicekosten werden berücksichtigt ?	(Bezeichnung nach DIN 31051)	Instandhaltung 40.000 Bh ▼	Instandhaltung 40.000 Bh ▼
Der Fahrweg/ die Fahrzeit vom Servicepartner zur Anlage beträgt:	(einfacher Weg/ in km) (einfacher Weg/ in min.)	10 km 15 min	
Eine Arbeitsstunde kostet soviel:	(des Servicepartners/ ie Std.)	70,00 pro Std.	
Ein Kilometer Anfahrt kostet soviel:	(des Servicepartners/ pro km)	0,72 pro km	
Diese spezifischen Servicekosten ergeben sich aus obigen Angaben:	"pro kWhel" (pro Bhund Modul)	0,0297 pro kWhel 0,1632 pro Bh und Modul	0,0297 pro kWhel 0,1632 pro Bh und Modul
Damit betragen die jährlichen Servicekosten der "Heiz-Kraft-Zentrale" durchschnittlich:	(die Vergütung erfolgt nach Aufwand, in Form einer Pauschale oder nach jährlicher Nutzungsdauer)	490	571
Dies kostet dabei die vorgeschriebene "Kleine Wartung" alle 3.500, 10.500, usw. Bh ca.:		219	219
Dies kostet dabei die vorgeschriebene "Große Wartung" alle 7.000, 14.000, usw. Bh ca.:		435	435
Diese Nutzungsdauer wird im folgenden betrachtet:	(80.000 Bh, aber max. 15 Jahre)	15,0 Jahre	15,0 Jahre
Das entspricht soviel Betriebsstunden:	(max 80.000 Bh)	45.000 Bh	52.500 Bh

4.2 Brennstoffkosten			
Soviel Brennstoff verbraucht die "Heiz-Kraft-Zentrale" pro Jahr (bezogen auf Hu!)		61.500 kWh	71.750 kWh
Das ergibt folgende Brennstoffkosten (brutto; Ökosteuerersparnis hier nicht berücksichtigt!):		3.017	3.519

Tab. 7.5 Wirtschaftlichkeit einer HKA in . . . (Fortsetzung)

Projekt/ Betreiber:	Einfamilienhaus mit Einliegerwohnung; 200 qm		Seite 3 von 3 Seiten
5. Gewinn			
5.1 Strom		**Variante A**	**Variante B**
Erwartete Strom-Rückspeisung ?	*(abgeschätzt/ in %!)*	70%	75%
Anrechnung der elektrischen Leistung Ihrer Heiz-Kraft-Zentrale:	*(hier sind über Notiz Hinweise hinterlegt !)*		
Soviel Strom wird erzeugt:	*(netto, Stromverbrauch HKA berücksichtigt !*	16.025 kWhel pro Jahr	18.725 kWhel pro Jahr
Soviel Strom wird pro Jahr zurückgespeist:	*(wenn "Plausibilitätsfehler" gemeldet, bitte Bh und/oder Einspeisequote kontrollieren!*	11.217 kWhel pro Jahr	14.044 kWhel pro Jahr
vermiedene Stromkosten (Arbeit):		1.226	1.194
vermiedene Stromkosten (Leistung: HKA + ev. LASY):		0	0
Soviel wird für den zurückgespeisten Strom vergütet:		1.570	1.966
Soviel Stromkosten spart die "Heiz-Kraft-Zentrale" pro Jahr ein:		**2.796**	**3.160**
5.2 Gas (und/ bzw. Wärme)			
Soviel Wärme erzeugt die "Heizkraft-Zentrale":	*(u.U. mit AWT)*	37.500 kWhth/Jahr	43.750 kWhth/Jahr
Um wieviel wird der Jahresnutzungsgrad Ihrer/s Heizkessel/s durch den Einsatz der Heiz-Kraft-Zentrale gesteigert ?	*(die Heiz-Kraft-Zentrale übernimmt bei geringem Wärmebedarf die komplette Heizleistung --> Kessel muß nicht anlaufen --> Nutz.grad kann um ca. 1 - 2 % steigen/ entfällt bei Nah-/Fernwärme und monoval. Betrieb/ in %!)*		
Das wird an Brennstoffkosten bei den Heizkessel/n bzw. an Wärmebezugskosten eingespart:	*(Annahme bei einer Kessel-Nutzungsgrad-steigerung Kessellaufzeit = 1700 Bh/Jahr)*	2.453	2.861
(Wenn hier "Einsparung > Verbrauch alt !" gemeldet, bitte Nutzungsgradsteigerung und/oder Bh überprüfen!)			
5.3 Mineralöl- und Stromsteuer			
Ersparnis aus Mineralölsteuerbefreiung HKA:	*("echte" Steuerrückerstattung für in HKA verfeuerten Brennstoff)*	456	532
"Verlust" an MinÖlSt-Rückerstattung Kessel:	*(berücksichtigt Minderverbrauch an Brennstoff im Kessel - nur bei produzierenden Gewerbe oder Land- und Forstwirtschaft u.U. relevant)*	0	0
Ersparnis aus Stromsteuerbefreiung HKA:	*(diese Stromsteuer wird "automatisch" dadurch gespart, daß weniger Strom vom EVU bezogen wird)*	96	94
Gesamte Mineralölsteuer- und Stromsteuereinsparung		**552**	**625**
6. Gesamtbilanz		**Variante A**	**Variante B**
Das ist das jährliche Betriebsergebnis:	*= Gewinn Strom +Gewinn Gas/Wärme (+ Ökosteuer) -Brennstoffkosten -Servicekosten*	**2.295** = 0,76 pro Bh und HKA	**2.556** = 0,73 pro Bh und HKA
Die Geldrücklaufzeit beträgt:	*(statische Amortisationsdauer = "Pay Back"-Zeit)*	7,0 Jahre	6,3 Jahre
Der gesamte Gewinn über der Nutzungsdauer beträgt:	*(Summe unverzinste Jahresgewinne abzüglich Investitionskosten)*	18.418	22.337
Das entspricht einer Rendite von:		5,2%	6,0%
Kapitalkosten/ Gewinn bei Fremdfinanzierung			
Mit welchem Zins wird finanziert ?	*(in %)*	5,0%	5,0%
Mit welcher Finanzierungslaufzeit soll gerechnet werden?		5,0 Jahre	10,0 Jahre
(wenn Hinweis "Achtung: > Nutzungsdauer" bitte Finanzierungslaufzeit nach unten korrigieren!)			
Das ergibt folgende Kapitalkosten pro Jahr ("Annuität"):		3.623	2.036
Der Gewinn nach Berücksichtigung der Kapitalkosten beträgt pro Jahr:		-1.329	519
Die Amortisationsdauer (dynamisch) beträgt damit:	*(nach dieser Zeit kann das Darlehn aus dem angesparten Überschuß (nach Kapitalkosten) durch Sondertilgung abgelöst werden)*	8,8 Jahre	7,7 Jahre
7. Umweltbilanz		**Variante A**	**Variante B**
Gegenüber der getrennten Erzeugung von Strom im Großkraftwerk und Wärme im Heizkessel spart die HKA ca. 31 % Primärenergie ein !			
Das entspricht hier pro Jahr so viel Erdgas:		3.021 m³	3.524 m³
Um die selbe Menge Brennstoff zu sparen, müßten Solarkollektoren mit untenstehender Fläche und ein Solargenerator mit untenstehender Leistung installiert werden. Diese würden aber nur 31 % der HKA-Wärme und 31 % des HKA-Stroms erzeugen !			
nach BINE: 1 m² Solarkollektorfläche erzeugt etwa 400 kWh Wärme pro Jahr		29 m²	34 m²
nach BINE: 1 Solargenerator mit 1 kW (= 20 Module a˜50W) erzeugt ca. 600 kWh Strom pro Jahr		8,3 kW	9,7 kW
Die CO_2-Emission verringert sich durch die HKA bei obiger Betrachtungsweise um ca. 47 % !			
Damit "erspart" man hier der Umwelt pro Jahr soviel CO_2:		11 t	13 t
Um die gleiche Menge CO_2 zu binden, müßte soviel Wald aufgeforstet werden:	*nach UBA: 1 ha Wald bindet ca. 5,7 t CO_2)*	2,0 ha	2,3 ha

7.6 Vergleich der Brennstoffe Erdgas und Heizöl

Für die Brennstoffe Erdgas und Heizöl gibt es ein jeweils geeignetes HKA-Aggregat mit unterschiedlichen Auslegungsdaten. Da gerade das Heizöl großen Preisschwankungen ausgesetzt ist, kann ein Vergleich der Wirtschaftlichkeit nur eine Momentaufnahme sein. Das Beispiel in der Abbildung 7.5 zeigt, daß die höheren Wartungskosten und die etwas niedrigere elektrische und thermische Leistung der Heizöl-HKA durch die niedrigeren Brennstoffkosten ausgeglichen werden. Bei den Wartungskosten der Heizöl-HKA sind die Kosten für den turnusmäßigen Wechsel des Rußfilters berücksichtigt. Es ergibt sich also kein eindeutiger wirtschaftlicher Vorteil für den Einsatz von Erdgas oder Heizöl.

Fazit
Die höheren Wartungskosten und die etwas niedrigere elektrische und thermische Leistung der Heizöl-HKA werden durch die niedrigen Brennstoffkosten ausgeglichen.

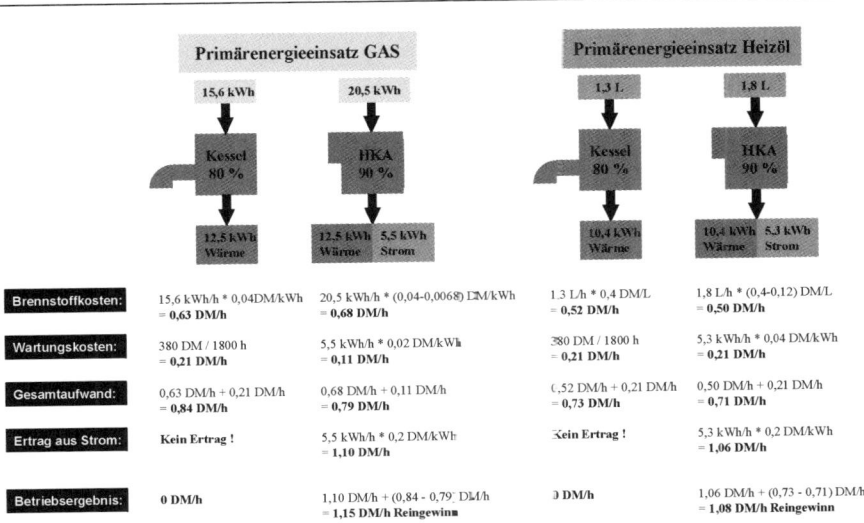

Neben der Wärme erzeugt die HKA gegenüber dem Kessel bei gleichem Kostenaufwand auch noch Strom. Der Strom aus der HKA ist daher kostenlos !

Abb. 7.5   Vergleich der Betriebskosten Gas/Heizöl

8 Planungsschema (Checkliste)

Entsprechend der geringen Investitionssumme für ein Mini-BHKW kann man nicht von einer detaillierten Planung eines Ingenieurbüros oder eines Herstellers ausgehen. Dennoch sollten sorgfältige Überlegungen und einfache Berechnungen gemacht werden, damit sich später auch ein wirtschaftlicher Betrieb einstellt. Die Vorgehensweise muß schematisiert und einfach in der Handhabung sein. Dazu dient eine Checkliste (Tabelle 8.1), die auf verschiedene Unterlagen und Verfahren in anderen Kapiteln hinweist. Das beiliegende, selbsterklärende Programm bietet Anhaltswerte aus der Praxis, wenn spezielle Objektdaten noch nicht vorliegen.

Wenn sich ein Punkt als positiv erweist, kann man zum nächsten gehen. Ergibt sich z. B. in Punkt 5 keine ausreichende Wirtschaftlichkeit, dann wird das Projekt Mini-BHKW zurückgestellt. Wenn sich die Randbedingungen ändern, kann erneut die Checkliste durchgegangen werden.

In Punkt 4 kann die persönliche Bewertung der Primärenergieeinsparung, der Ressourcenschonung und der Umweltentlastung durch geringere Emissionen berücksichtigt werden. Da dieser Bonus kaum in DM ausgerechnet werden kann, gibt hier die persönliche Einstellung und Bewertung den Ausschlag. Je nach eingesetztem DM-Betrag kann sich dies auf die Berechnung der Wirtschaftlichkeit auswirken. Der Bonus kann in einfacher Weise von den Investitionen abgezogen werden. Dies gilt auch für evtl. Förderbeträge, die auf die Investitionen gewährt werden.

In der Meß- und Regeleinheit des HKA werden alle wichtigen Betriebsparameter wie Strom- und Wärmeerzeugung gespeichert, so daß eine kontinuierliche Aussage über das Betriebsergebnis möglich ist.

Tab. 8.1 Checkliste als Planungshilfe

1. Bedarfsermittlung (Tabelle 8.2)
   - Berücksichtigung von geplanten Erweiterungen, Stillegungen und Einsparmaßnahmen (z. B. Wärmedämmung, Wärmerückgewinnung)
2. Vergleich mit Auswahlkriterien
   - wenn der maximale Wärmebedarf im Objekt > 40 kW und
   - der maximale Strombedarf im Objekt > 15 kW, dann ergeben sich in der Regel Laufzeiten von über 5.000 Stunden je Jahr
   - Kriterien für spezielle Einsatzobjekte (Tabelle 3.1)
   - Platzbedarf (Abbildungen 4.3)
3. Ermittlung der Kosten und Erlöse
   - Strombezugskosten
   - Einspeisevergütung
   - Anteil des selbstgenutzten Stromes
   - Änderung der Strombezugsbedingungen durch die Eigenerzeugung prüfen
   - Gutschrift für die Wärme; entsprechend einer alternativen Wärmeerzeugung durch einen Kessel / Wärmeverkauf
   - Betriebsstunden pro Jahr, möglichst über 5.000 Stunden je Jahr
   - Nutzungsgrad der Gesamtanlage
   - Verbesserung des Nutzungsgrades der übrigen Wärmeerzeuger
   - Investitionen
   - Gutschrift für einen evtl. eingesparten Heizkessel
   - Einsparung durch die Ökosteuer (Kap. 5.3)
   - Förderungen
   - Brennstoffkosten
   - Wartungskosten
4. Berechnung der Wirtschaftlichkeit
   - Kurzverfahren (Kap. 7.4)
   - Ausführliche Berechnung mit beiliegendem Programm
5. Persönliche Bewertung
   - Primärenergieeinsparung, Ressourcenschonung (Kapitel 6)
   - Umweltentlastung (Kapitel 6)
6. **Entscheidung für den Kauf eines Mini-BHKW**
7. Formalien
   - Anmeldung beim Elektrizitätsversorgungsunternehmen (EVU) mit einem Formblatt (Tabelle 8.3)
   - Antrag beim Hauptzollamt auf Erteilung einer Erlaubnis zur steuerbegünstigten Verwendung von Heizöl/Erdgas (Tabelle 8.4)
   - Antrag zur Rückerstattung der Mineralölsteuer für das in der KWK-Anlage verwendete Mineralöl (Tabelle 8.5) mit der Ermittlung und Nachweis des Brennstoffverbrauchs und des Jahresnutzungsgrades (Tab. 8.6 und 8.7)
   - Anmeldung beim Erdgasversorger und beim Kaminkehrer
   - Bei Stromverkauf an Dritte, vertragliche Regelung mit dem EVU über Reststrombezug, Anmeldung oder Genehmigung bei den Wirtschaftsministerien der Länder
8. Kontrolle der Betriebsergebnisse

Tab. 8.2 Bedarfsermittlungsbogen

Objekt:	**Kunde:**

Jährlicher Brennstoffverbrauch (Gas/Heizöl) _____ **m³/l**
    Wohngebäude
    Büro-, Verwaltungsgebäude
    Wohn- und Pflegeheim
    Produzierendes Gewerbe
    Dienstleistungsgewerbe
    Landwirtschaftlicher Betrieb
    Kommunale Gebäude und Einrichtungen
    Schwimmbad
    Hotel- und Gaststättenbetriebe
    Sonstiges

Brennstoffkosten
    Erdgas _____ DM/m³ (H_0)
    Flüssiggas _____ DM/l
    Heizöl _____ DM/l

Wärmeleistung des Kessels _____ kW

Alter des Kessels _____ Jahre

Kesselart (Brenner)
    Standardkessel
    Brennwertkessel

Warmwasserbereitung über
    Heizung
    Elektro
    Sonstige

Stromkosten
    Stromarbeit Bezug HT _____ kWh/Jahr
    Strompreis HT _____ DM/kWh
    Stromarbeit Bezug NT _____ kWh/Jahr
    Strompreis NT _____ DM/kWh
    Stromarbeit Bezug ST _____ kWh/Jahr
    Strompreis ST _____ DM/kWh

    Elektrische Anschlußleistung _____ kW
    Leistungsbereitstellungspreis _____ DM/kW/Jahr

    Jahresstrom- und Brennstoffkostenrechnungen   Anlage

Tab. 8.3 Anmeldung einer Eigenerzeugungsanlage beim
Elektrizitätsversorgungsunternehmen (EVU)

Anmeldung/Datenblatt einer Eigenerzeugungsanlage

für den Parallelbetrieb mit dem Netz des
Elektrizitätsversorgungsunternehmens (EVU)

(vom Betreiber oder Errichter auszufüllen)

Betreiber:

Name: _____

Straße: _____

PLZ: _____

Telefon: _____

Telefax: _____

Anlagenanschrift:

Straße:

_____

PLZ/Ort:

_____

Errichter der Anlage

Name:
_____

Anschrift:
_____

Telefon:
_____

Telefax:
_____

Anlage Hersteller:	**Senertec GmbH** **Carl-Zeiss-Str. 18** **97424 Schweinfurt** **Tel. 09721/651-0**	Typ:	**Heiz-Kraft-** **Anlage** **HKA G 5.5/HKA** **F 5.5/HKA H 5.3** Anzahl baugleicher Einzelanlagen: _____

Genutzte Energie

❏ _____

Kraft-Wärme-Kopplung
   ❏ Erdgas   ❏ Flüssiggas   ❏ Heizöl

Tab. 8.3 Anmeldung einer Eigenerzeugungsanlage beim Elektrizitätsversorgungsunternehmen (EVU) (Fortsetzung)

Einspeisung in das Netz durch	Asynchrongenerator mit dreiphasiger Einspeisung Netzparallelbetrieb
Betriebsweise/Einsatzart ❏ Einspeisung der gesamten Generatorleistung in das EVU-Netz	❏ Rücklieferung vorgesehen ❏ keine Rücklieferung
Daten der Einzelanlage	Wirkleistung P_{rA} **5,5 kW** Scheinleistung S_{rA} **6,2 kVA** Nennspannung U_n **3~ 400** V_{AC} Strom I_{rA} **9 A** Blindleistungsfaktor cos φ = **0,9**
Anlauf	**Start mit 3~ Netzstartgerät und 12-V-Starter** **Zuschaltung des Generators bei Nenndrehzahl** **Starthäufigkeit max. 6 pro Stunde**
Kurzschluß-Strom	Beitrag der Eigenerzeugungsanlage zum Kurzschlußstrom **0,05 kA** Kurzschlußfestigkeit der Gesamtanlage **15 kA**
Kompensation	Kompensationsanlage ❏ vorhanden mit ___ kV_{Ar} ❏ nicht vorhanden Zugeordnet der ❏ Einzelanlage ❏ Gesamtanlage Geregelt ❏ ja ❏ nein Verdrosselt ❏ ja mit ___% ❏ nein mit TF-Sperre ❏ ja für ___Hz ❏ nein zu Saugkreisen ausgebaut ❏ ja für n = _____ ❏ nein

Bemerkungen:	_____ _____ _____ _____

Ort, Datum: _____

Stempel/Unterschrift: _____

Tab. 8.4 Antrag zur Verwendung von steuerbegünstigtem Erdgas/Heizöl

Antragsteller

....

....

....

☎ ....

An das Hauptzollamt ....

....

....

....

[1] Bitte nicht Zutreffendes streichen

Antrag auf Erteilung einer Erlaubnis zur Verwendung von steuerbegünstigtem Heizgas/ Heizöl[1] in einer Anlage zur Kraft-Wärme-Kopplung nach § 3 Abs. 3 Satz 2 MineralölStG

Sehr geehrte Damen und Herren!

Unter folgender Anschrift beabsichtigen wir eine ortsfeste Anlage zur Kraft-Wärme-Kopplung (KWK) zu errichten:

.... ☎ ....

....

Betreiber der KWK-Anlage sind wir, der Antragsteller.

Die KWK-Anlage wird ausschließlich mit Heizöl/Flüssiggas/Erdgas[1] versorgt. Das Heizöl/Flüssiggas/Erdgas[1] wird von

.... ☎ ....

....

bezogen und nach § 3 Abs. 3, Nr. 2, Buchstabe a MineralölStG versteuert.

Hersteller der KWK-Anlage:	SENERTEC GmbH, Carl-Zeiss-Str. 18, D-97424 Schweinfurt
Typ der KWK-Anlage:	HKA-...................... für Heizöl/Flüssiggas/Erdgas[1]
max. elektrische Leistung:	.... kW
max. thermische Leistung:	.... kW
Gesamtwirkungsgrad:	.... %

Die KWK-Anlage ist über eine am Boden verschraubte Schiene ortsfest mit dem Boden verbunden. Die festen Anschlüsse der Gas-, Heizungs- und Elektroversorgung sind nur mit Werkzeugen zu lösen. Ein Betrieb der KWK-Anlage ohne vorgenannte, vom Hersteller vorgeschriebene Befestigungen und Verbindungen mit dem Gebäude ist nicht möglich. Für den Betrieb der KWK-Anlage gibt es keine zeitliche Begrenzung.

Wir garantieren, daß im Jahresdurchschnitt der KWK-Anlage mindestens 70 % des Energieinhaltes des verwendeten Erdgases/Heizöls[1] in der Form der begünstigt erzeugten Wärme- und mechanischen Energie genutzt wird (nach § 3 Abs. 3 Satz 2 MineralölStG). Der Gesamtwirkungsgrad der KWK-Anlage beträgt nach TÜV-Prüfbericht (G 2620) ca. 88 %. Diese Garantie wird durch folgende Maßnahmen sichergestellt:

• Die KWK-Anlage wird ausschließlich wärmegeführt betrieben. Dazu ist die standardisierte, vom TÜV Süddeutschland typgeprüfte KWK-Anlage der Firma SENERTEC entsprechend den Vorschriften des Herstellers in das Heiznetz eingebunden. Durch die serienmäßige Regelungs- und Überwachungseinheit der KWK-Anlage ist sichergestellt, daß diese nur bei Wärmebedarf betrieben werden kann. Ein zusätzliches Kühlsystem ist nicht vorhanden.

• Die KWK-Anlage wird benutzt zur

Raumheizung	❏
Brauchwassererwärmung	❏
Schwimmbaderwärmung	❏
....	❏

Mit freundlichen Grüßen

Ort, Datum: .... Unterschrift: ....

Wir gehen davon aus, daß mit Antragstellung eine vorläufige Erlaubnis verbunden ist bzw. die KWK-Anlage binnen 3 Wochen in Betrieb gehen kann.

Tab. 8.5 Antrag auf Rückerstattung der Mineralölsteuer

Antragsteller

....   [1] Bitte nicht Zutreffendes streichen

....

....

☎ ....

An das Hauptzollamt ....

....

....

....

**Antrag auf Rückerstattung der Mineralösteuer für das in
der KWK-Anlage verwendete Mineralöl**

Sehr geehrte Damen und Herren!

Mit dem Einstieg in die ökologische Steuerreform hat der Gesetzgeber u. a. auch eine vollständige Steuerbefreiung für den gesamten Input für Kraft-Wärme-Kopplungsanlagen mit einem durchschnittlichen Jahresnutzungsgrad von mindestens 70 % eingeführt.

Wie Sie anhand meiner Anmeldung vom .... entnehmen können, betreiben wir/betreibe ich eine KWK-Anlage (Blockheizkraftwerk) mit Erdgas/Flüssiggas/Heizöl. Nachdem diese Anlage einen durchschnittlichen Jahresnutzungsgrad von über 70 % aufweist, beantragen wir/beantrage ich die Rückerstattung der von meinem Lieferanten in Rechnung gestellten Mineralölsteuer.
Als Nachweis über die bezogenen Brennstoffverbrauchsmengen verweisen wir/verweise ich auf die eingebauten Betriebsstunden- und Stromzähler. Der Brennstoffdurchsatz des Blockheizkraftwerks pro Betriebsstunde ist der TÜV-Bescheinigung vom 12. 8. 1999 zu entnehmen.

Bitte übersenden Sie mir die für die Rückvergütung notwendigen Anträge. Für weitere Auskünfte stehen wir/stehe ich Ihnen gerne zur Verfügung.

Mit freundlichen Grüßen

Ort, Datum: ....   Unterschrift: ....

Anlage:
- Hinweise zur Ermittlung des Brennstoffverbrauchs in der SENERTEC-HKA (hier Tab. 8.6)
- TÜV-Bescheinigung zum Brennstoffdurchsatz und Wirkungsgrad der SENERTEC-HKA (hier Tab. 8.7)

Tab. 8.6 Ermittlung des Brennstoffverbrauchs und des Jahresnutzungsgrads

1. Brennstoffverbrauch der HKA

Für die Rückerstattung der Mineralölsteuer ist es notwendig, daß die in der HKA in einem bestimmten Zeitraum verwendete Brennstoffmenge ermittelt wird.

Aus Gründen der Verhältnismäßigkeit wird vorgeschlagen, daß die HZA von der Forderung nach Installation eines geeichten Gas- bzw. Ölzählers absehen und statt dessen die Ermittlung der Brennstoffmenge über den Betriebsstundenzähler der HKA zulassen.

Die in der HKA in einem bestimmten Zeitraum verwendete Brennstoffmenge kann ganz einfach folgendermaßen ermittelt werden:

Erdgas
Brennstoffmenge (kWh_{Ho}) = Betriebsstunden (h) x Brennstoffdurchsatz (kWh_{Ho}/h)*

Flüssiggas (Propan)
Brennstoffmenge (kg) = Betriebsstunden (h) x Brennstoffdurchsatz (kg/h)*

Heizöl
Brennstoffmenge (l) = Betriebsstunden (h) x Brennstoffdurchsatz (l/h)*

Pflanzenmethylester *(keine Mineralölsteuerrückerstattung, da für PME keine erhoben wird!)*
Brennstoffmenge (l) = Betriebsstunden (h) x Brennstoffdurchsatz (l/h)*

*) aus Bescheinigung des TÜV-Süddeutschland vom 12. 8. 1999

Anmerkung:
Im Juni 1999 wurde auf einer Fachtagung des Bundesfinanzministeriums und der HZA festgestellt, daß für Kleinst-BHKW (< 50 kW), die typgeprüft sind (wie z. B. die HKA von SENERTEC), die vereinfachte Ermittlung des Brennstoffverbrauchs über die Betriebsstunden die einzig sinnvolle ist (auch im Hinblick auf das zu bewältige Arbeitspensum der HZA durch die Steuerreform!). Dies wird jetzt hoffentlich zügig in eine Fachanleitung bzw. Durchführungsverordnung für die HZA umgesetzt.

2. Jahresnutzungsgrad der HKA

Daß die Heizkraftanlage quasi „automatisch" einen Jahresnutzungsgrad von über 70 % aufweist (siehe ausgewiesene Wirkungsgrade in der Bescheinigung des TÜV Süddeutschland vom 12. 8. 1999) wird bisher von aller uns bekannten HZA anerkannt. Darüber hinaus ist es natürlich möglich, den Jahresnutzungsgrad mit etwas Aufwand auch rechnerisch zu bestimmen. Neben der Brennstoffverbrauchsermittlung (nach obigen Vorschlag, Punkt 1) sind hierzu nur noch die in der serienmäßigen Regel- und Überwachungseinheit abgespeicherten Werte „erzeugte Strommenge" und „erzeugte Wärmemenge" auszulesen. Der Jahresnutzungsgrad wird dann folgendermaßen ermittelt:

$$\text{Jahresnutzungsrad (\%)} = \frac{[\text{erzeugte Strommenge}^{****} \text{ (kWh)} + \text{erzeugte Wärmemenge}^{****} \text{ (kWh)}] \times 100}{\text{Brennstoffmenge}^{**} \text{ (kWh}_{Hu})}$$

**)   aus Punkt 1 auf kWh_{Hu} umrechnen!
   (bei Erdgas: x Hu***/Ho***; bei Propan: x 12,9 kWh_{Hu}/kg; bei Heizöl x 10 kWh_{Hu}/l; bei PME: x 9,1 kWh/l)
***)   beim Erdgasversorger erfragen!
****)   aus HKA - Regel- und Überwachungseinheit auslesen

Tab. 8.7 Bescheinigung über den Wirkungsgrad der Anlage

TÜV Bau und Betrieb · Westendstr. 199 · D-80686 München
ABTEILUNG FEUERUNGS- UND WÄRMETECHNIK
Tel. (089) 5791-2667 · Fax (089) 5791-1194

SÜDDEUTSCHLAND

A.-Nr. 1 4.3457.06

Bescheinigung über die/den im Rahmen der Typprüfung jeweils gemessenen Wärmebelastung bzw. Brennstoffdurchsatz und die erzielten Wirkungsgrade der anschlußfertigen Blockheizkraftwerke (Heiz-Kraft-Anlagen) Typ HKA der Firma SenerTec GmbH, 97424 Schweinfurt

Auszüge aus den Prüfberichten:
HKA-G S1: Bericht Nr. G 2620 vom 09.12.96 mit Ergänzungsschreiben vom 24.06.97 und
HKA-H S1: Bericht Nr. 3957 vom 30.12.98

Hersteller:
Geräteart:
Bauart:

SENERTEC GmbH, 97424 Schweinfurt, Carl-Zeiß-Straße 18
Anschlußfertiges Blockheizkraftwerk
stationärer Otto- oder Dieselmotor für Erdgas und Propan oder
Heizöl EL und Pflanzenmethylester als Brennstoff mit direkt
angetriebenem Asynchron-Generator

Typbezeichnung/
Brennstoffart/
Wärmebelastung bzw.
Brennstoffdurchsatz/
Wirkungsgrad gesamt:

HKA-G S1
Erdgas (Kategorie I_{2ELL})
bei 5,5 kW_{el} (Verkaufsbezeichnung: HKA G 5.5): 20,5 $kW_{(Hu)}$ ≡ 22,8 $kW_{(Ho)}$
bei 5,0 kW_{el} (Verkaufsbezeichnung: HKA G 5.0): 19,6 $kW_{(Hu)}$ ≡ 21,8 $kW_{(Ho)}$
87 - 88 %

HKA-G S1
Propan (Kategorie I_{3P})
bei 5,5 kW_{el}(Verkaufsbezeichnung: HKA F 5.5): 1,59 kg/h
87 %

HKA-H S1
Heizöl EL (DIN 51603-1)
bei 5,3 kW_{el} (Verkaufsbezeichnung: HKA H 5.3): 1,79 l/h
88 %

HKA-H S1
Pflanzenmethylester (DIN V 51606)
bei 5,3 kW_{el} (Verkaufsbezeichnung: HKA R 5.3): 1,93 l/h
89 %

Die Blockheizkraftwerke Typ HKA erfüllen die Anforderungen der DIN 6280 Teil 14 (8.97), der DIN 6280 Teil 15 (8.97), der DVGW-VP109 (04.95) sinngemäß und als Gesamtanlage soweit zutreffend die Anforderungen der DIN 4702 Teil 1 (03/90) bzw. DIN EN 303, Teil 1 (11.92), DIN 4751 Teil 2 (10.94), DIN 4755 (09.81), DIN EN 267 (02.90), DIN 18160 Teil 1 (02.87), EN 60335-1/VDE 0700 Teil 1 (10.95) mit VDE 0722 (04.83) sowie der DIN EN 50081-1/2 (0393/03.94) und DIN EN 50082-1/2 (11.97/02.96) für die elektromagnetische Verträglichkeit. Bau und Ausrüstung des BHKW sind unter Berücksichtigung der Musterfeuerungsverordnung (FeuVO) (02.95) bzw. der Bayer. Feuerungsverordnung (FeuV) (03.98) durchgeführt worden.

München, 12.08.1999

Abteilung
Feuerungs- und Wärmetechnik

9 Feldtest

Zwischen der Entwicklung und dem Serienbeginn der HKA von SenerTec wurde eine seriennahe Ausführung geschaffen, die innerhalb spezieller Demonstrationsvorhaben unter anderem folgende Hauptfragen beantworten sollte:

* Beweis des sicheren und störungsfreien Betriebes
* Sicherheit an unterschiedlichen elektrischen Versorgungsnetzen
* Betrieb der HKA und Abgasführung gemäß Landesbaurecht
* Klärung optimaler Betriebsweisen
* Nachweis der Lebensdauer und der Dauerstabilität von Schadstoffemissionen
* Nachweis der Wartungsintervalle und der erwarteten Lebensdauer der HKA
* Optimierung der Installationstechnik – vor allem bezüglich Kosten

Eine Übersicht der Demonstrationsvorhaben mit Zeitrahmen und Projektträgern zeigt Tabelle 9.1.

Tab. 9.1 Übersicht der Demonstrationsvorhaben

Bundes-land	An-zahl der HKA	Projektträger	Zuständiges Ministerium	Lauf-zeit
Schles-wig-Holstein	20	Schleswag AG, Stadtwerke Geesthacht, Mölln, Ratzeburg, Gemeinde Börnsen, FH Kiel, Hamburger Gaswerke GmbH, Ing.-Büro Reuland, Fichtel & Sachs AG	Ministerium für Arbeit und Soziales, Jugend, Gesundheit und Energie des Landes Schleswig-Holstein (MAS-JGE)	1. 3. 92 bis 28. 2. 95
Nordost-Bayern	10	Energieversorgung Oberfranken AG, Stadtwerke Wunsiedel, Zweckverband Regionale Entwicklung und Energie, Fichtel & Sachs AG	Bayerisches Staatsmini-sterium für Wirtschaft und Verkehr	1. 10. 92 bis 30. 9. 95
Hessen	20	Main-Kraftwerke AG, Maingas AG, Magistrat der Stadt Frankfurt, hessenEnergie GmbH, Gas-Union GmbH, Fichtel & Sachs AG	Hessisches Mini-sterium für Umwelt, Energie und Bundesangele-genheiten	1. 4. 93 bis 31. 12. 96
Hamburg	18	Hamburger Elektrizitätswerke AG, Hamburger Gaswerke GmbH, Fichtel & Sachs AG	Umweltbehörde der Freie und Hansestadt Hamburg	1. 3. 94 bis 30. 6. 97

Es handelt sich ausschließlich um Erdgas-HKA mit einer nominalen elektrischen Leistung von 5,0 kW und einer thermischen Leistung von 13,5 kW. Die festgelegten Wartungsintervalle lagen bei 3.000 Betriebsstunden je Wartung.

Alle Demonstrationsvorhaben sind offiziell beendet und die HKA an die Betreiber übergeben. Alle Anlagen sind weiter in Betrieb mit heute teilweise über 50.000 Betriebsstunden.

Die Aufteilung der eingesetzten HKA auf entsprechende Gebäudearten zeigt die Tabelle 9.2. Dabei läßt sich folgende Grobeinteilung feststellen:

Tab. 9.2 Grobklassifizierung der Gebäude

Klassifizierung	Anzahl der HKA	Kesselleistung in kW
A Wohnhausbereich	16	27 bis 500
B Industrie und Handel	24	50 bis 8.000
C Öffentliche Gebäude	28	64 bis 9.500

Dazu ist anzumerken, daß es, bedingt durch die unterschiedlichsten Wünsche der Projektteilnehmer, nicht immer „klassische" Einsatzfälle gab. Insbesondere sind Objekte mit größeren Heizleistungen eher für Mehrmodulanlagen oder größere BHKW-Anlagen geeignet. Allerdings bestand der Vorteil eines HKA-Einsatzes in größeren Objekten darin, daß Laufzeiten > 8.000 Betriebsstunden je Jahr erreicht wurden und damit in relativ kurzer Zeit eine Aussage über Verschleiß, Wartungsintervalle, Emissionen etc. möglich war.

Von den 68 HKA sind 20 HKA als 2-Modul-Anlagen in 10 Objekten eingesetzt.

Während die Anlagen in Schleswig-Holstein, Bayern und Hessen identisch sind, wurde in Hamburg eine leicht optimierte Bauart eingesetzt. Die hauptsächliche Änderung war eine Steigerung des Motorwirkungsgrades und eine Erhöhung des Liefergrades. Deutlich erkennbar ist dadurch, daß bei gleicher elektrischer Leistung der benötigte Gasbedarf und damit auch die thermische Leistung abnahm.

Die folgende Auswertungen beziehen sich auf die Zeiträume innerhalb der Demonstrationsphasen und sind daher zeitlich versetzt aufgetreten.

Eine Zusammenstellung der Betriebsstunden und der erzeugten elektrischen und thermischen Energie ist Tabelle 9.4 zu entnehmen.

Tab. 9.3 Gebäude-Klassifizierung

Gebäudeklassifizierung	Anzahl der HKA					
A Wohnhausbereich	SLH	BAY	HES	HH	Summe	Davon 2-Modul
Einfamilien-Wohnhäuser	2	–	–	2	4	–
Mehrfamilienwohnhäuser	3	–	5	4	12	1
B Industrie und Handel						
Industrie, Gewerbe, Handwerk	3	5	3	5	16	4
Hotels, Pensionen, Gasthöfe, Tagungsstätten	1	1	4	2	8	1
C Öffentliche Gebäude						–
Altenwohnheime, Kindergärten, Sozialstationen	3	1	3	2	9	–
Schulen	1	–	1	1	3	–
Schwimmbäder	2	–	–	–	2	1
Heizzentralen, Betriebsgebäude	2	–	2	–	4	2
Sonstige Gebäude	3	3	2	2	10	1
Gesamtsumme	20	10	20	18	68	10

Tab. 9.4 Gesamtbetriebsstunden und erzeugte Energien der 68 Demonstrationsanlagen bei unterschiedlichen Betrachtungszeiträumen

Anlagen	Betriebsdauer (Monate)	Betriebsstunden (Bh)	erzeugte elektrische Energie (MWh)	erzeugte thermische Energie (MWh)
Schleswig-Holstein – 20 Anlagen –	38–40	407.960	2.028	5.468
Nordost-Bayern – 10 Anlagen –	31–34	194.950	969	2.586
Hessen – 20 Anlagen –	40–42	447.500	2.251	5.907
Hamburg – 18 Anlagen –	26–28	295.840	1.474	3.719
Gesamt – 68 Anlagen –	–	**1.346.250**	**6.722**	**17.680**

Insgesamt wurden in den oben genannten Zeiträumen:

- **1.346.250 Betriebsstunden verzeichnet und damit**
- **6.722 MWh elektrische Energie und**
- **17.680 MWh thermische Energie erzeugt.**

Die minimalen, maximalen und durchschnittlichen Vollbenutzungsstunden sind in Tabelle 9.5 dargestellt: Mit 4.047 Betriebsstunden pro Jahr wies ein Wasserwerk mit einer Kesselleistung von 220 kW den geringsten Wert auf. Ursache für die nicht höhere Auslastung waren die Betriebsart und die Brauchwasserbereitung.

Tab. 9.5 Vollbenutzungsstunden der 68 Demonstrationsanlagen

Anlagen	Vollbenutzungsstunden (Bh/a)		
	min.	max.	Durchschnitt
Schleswig-Holstein – 20 Anlagen –	4.047	7.980	6.209
Nordost-Bayern – 10 Anlagen –	4.564	8.602	7.027
Hessen – 20 Anlagen –	4.134	8.435	6.860
Hamburg – 18 Anlagen –	5.469	8.718	7.266
Mittelwert	**4.554**	**8.434**	**6.840**

Die Einfamilienhäuser, bei denen es sich um größere Anwesen handelt und die teilweise ein Schwimmbad, ein Büro oder einen Verkaufsraum angegliedert haben, wiesen über 4.500 Vollbenutzungsstunden auf.

Die am höchsten ausgelastete Anlage arbeitet in einer Sozialstation mit einem Wärmebedarf von 505 MWh/a und einer installierten Kesselleistung von 2 x 378 kW_{th}. Bei 8.718 Bh/a erzeugte die HKA 116 MWh/a, womit 23 % des jährlichen Wärmebedarfs gedeckt wurden. Eine so hohe Laufzeit, die bei entsprechender Wahl des Wärmebedarfs theoretisch immer möglich ist, kann in der Praxis jedoch nur bei absoluter Störunanfälligkeit erreicht werden.

Durchschnittlich arbeitet jede Anlage knapp 7.000 Vollbenutzungsstunden, was für die Zuverlässigkeit der HKA spricht.

Die Abhängigkeit der Laufzeit vom Wärmebedarf und der Brauchwasserbereitung verdeutlicht die Abbildung 9.1.

Selbst in Anlagen zwischen 30 und 50 kW Wärmebedarf können ca. 4.000 Vollbenutzungsstunden angesetzt werden. Demgegenüber ist die Art der Brauchwasserbereitung bzw. Brauchwasserbedarf auch bei größeren Kesselleistun-
gen von großem Einfluß.

Die weitere Betrachtungsweise erfolgt auf Basis der am längsten in Betrieb befindlichen Anlagen aus den Demonstrationsvorhaben Schleswig-Holstein, Bayern und Hessen. Außerdem sind diese Anlagen – wie schon erwähnt – bau-
gleich und weisen dieselben Leistungswerte auf.

Leistungen:
Die elektrische Leistung ist geregelt und quasi konstant. Im Mittel werden 5,06
kW_{el} abgegeben (Tabelle 9.6).

Die Wärmeleistung ist abhängig von der Kühlwassertemperatur und weist
Werte von 12,9 kW_{th} bis 13,7 kW_{th} auf. Der Mittelwert liegt bei 13,3 kW_{th}.

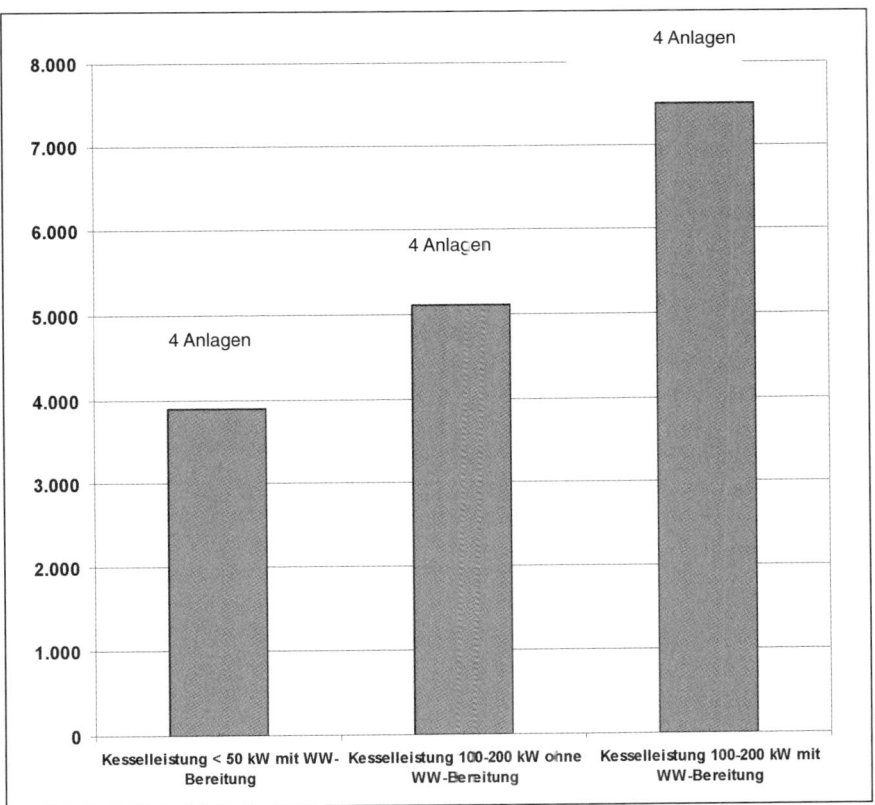

Abb. 9.1   HKA-Laufzeiten in Abhängigkeit vom Wärmebedarf

Tab. 9.6   Generatorleistung und Wärmeleistung der 50 Erdgas-Demonstrations-Anlagen

Anlagen	Generatorleistung in kW[1]			Wärmeleistung in kW[2]		
	max.	min.	mittel	max.	min.	mittel
Schleswig-Holstein – 20 Anlagen –	4,95	5,19	5,05	13,1	13,7	13,4
Nordost-Bayern – 10 Anlagen –	4,90	5,06	5,01	13,0	13,6	13,3
Hessen – 20 Anlagen –	4,99	5,16	5,10	12,7	13,8	13,2
Mittelwert	**4,96**	**5,15**	**5,06**	**12,9**	**13,7**	**13,3**

[1] Generatorleistung: Zählermessung; Toleranz ± 2%
[2] Wärmeleistung: interne Meßwerterfassung; Toleranz ± 4%

Tab. 9.7   Gesamt-Nutzungsgrad der 50 Erdgas-Demonstrations-Anlagen

Anlagen	Gesamtnutzungsgrad in %		
	min.	max.	Durchschnitt
Schleswig-Holstein – 20 Anlagen –	83,8	86,2	84,9
Nordost-Bayern – 10 Anlagen –	83,3	85,3	84,6
Hessen – 20 Anlagen –	85,7	88,9	87,2
Mittelwert	**84,5**	**87,1**	**85,8**

Zum Vergleich liegt der Kraftwerks-Gesamt-Nutzungsgrad an der Steckdose bei 33 %

Tab. 9.8   Störungen der 63 Demonstrationsanlagen

Anlagen	Zeitraum in Monate	Laufzeit in Stunden	Externe Störungen		Störungen der HKA
			Heizsystem	E-Netz	
Schleswig-Holstein[1] – 20 Anlagen –	26–28	294.380	6	5	41
Nordost-Bayern – 10 Anlagen –	31–34	194.950	2	0	22
Hessen – 20 Anlagen –	40–42	447.500	18	3	51
Summe	**100**	**936.830**	**26**	**8**	**114**

[1] Erste Anlaufphase von 12 Monaten (113.580 Bh) nicht berücksichtigt

Nutzungsgrade:
Die Nutzungsgrade bewegen sich im Bereich von 84,5 bis 87,1 % mit einem Mittelwert von 85,8 % (Tabelle 9.7). Nicht zu verwechseln sind die Nutzungsgrade – diese sind über ein gesamtes Jahr betrachtet und beinhalten auch die Stillstandsverluste – mit den Wirkungsgraden.

Störungen:
Über die betrachtete Gesamtlaufzeit von 936.830 Betriebsstunden ergeben sich

34 extern verursachte Störungen aus dem Heiz- bzw. Elektronetz und 114 Störungen aus der HKA.

Eine Übersicht dazu zeigt Tabelle 9.8.

Damit wies eine HKA im Mittel eine Laufzeit von

8.200 Stunden je 1 Störung auf.

Die Unterteilung bzw. ihre Analyse ist der Tabelle 9.9 zu entnehmen.

Bezüglich der extern aufgetretenen Fehler ist die Vielfalt groß. Auffällig ist, daß der Heizwasserqualität zu wenig Aufmerksamkeit geschenkt wird. Daraus resultierte dann eine erhöhte Verschmutzung von HKA-Komponenten.

Tab. 9.9 Analyse der Störungen

Aus dem Heiznetz	11 x erhöhte Verschmutzung durch schlechte Heizwasser-Qualität 2 x Warmwasserboiler verkalkt 1 x defekte Boilerladepumpe 1 x Gasnetz 1 x Luft im Heizsystem 2 x Störungseinwirkung vom Heizkessel 2 x Installationsfehler 6 x Servicefehler **Summe 26**
Aus dem E-Netz	4 x aus der Netzüberwachung 2 x Schieflast > 1,5 A im Netz 2 x durch externe Installationsarbeiten **Summe 8**
An der HKA	43 x am Motor/UP/Zündkerze 23 x an der Regelung/Steuerung/Fühler 31 x an der Elektrik 17 x an sonstigen Bauteilen **Summe 114**

Die externen Störungen aus dem Elektronetz verursachten immer eine korrekte und gewollte Abschaltung der HKA.

Die von den HKA verursachten Störungen teilen sich annähernd gleichmäßig auf die Hauptgruppen Motorkomponenten und Regelung/Elektrik auf. Sonstige Bauteile waren weniger betroffen.

Hauptursachen im Bereich Motor waren etwa

• vorzeitiger Zündkerzenausfall
• Undichtigkeiten im Ventilbereich
• Ausgefallene Umwälzpumpen
• Fehleinstellungen und
• Sonstiges

Echte Motorausfälle gab es nicht.

Der Bereich Regelung bzw. Steuerung und Fühler zeigte Unregelmäßigkeiten in:

• Übersensibilität der Überwachung (wurde bei der Serie entschärft)
• Platinenfehler
• Fühlerausfälle

Aus der Elektrik und den sonstigen Bauteilen konnten Fehlerquellen ausgemacht werden an

• Steckverbindern und Klemmen (Wackelkontakte)
• Motorschutzschalter und Leistungsschützen
• Kompensatoren
• Anlasser

Wartungsarbeiten

Es wurde im Laufe des Feldtests unterschieden in
• Regelwartung (Zielwert > 3.000 Betriebsstunden) und einem später nicht mehr notwendigen
• Zündkerzenwechsel (alle ca. 1.500 Betriebsstunden)

Dies wurde erreicht mit Übergang auf eine andere Zündkerzenbauart. Die Regelwartung beinhaltet dann im wesentlichen:

• Motorölwechsel (12 l)
• Ölfilterwechsel
• Gas-/Luftfilterwechsel
• Zündkerzenwechsel (alle 6.000 Betriebsstunden)
• Prüfung und ggf. Einstellung des Ventilspieles

• Allgemeine Prüfung und ggf. Einstellungen
• Datenauslesung aus dem CMOS-RAM

Der Zeitaufwand (ohne Anfahrt) liegt bei ca. 1,0 Stunde.

Eine Übersicht der durchgeführten Wartungen zeigt Tabelle 9.10.

Tab. 9.10 Wartung der 50 Demonstrationsanlagen

Schleswig-Holstein – 20 Anlagen –	117
Nordost-Bayern – 10 Anlagen –	52
Hessen – 20 Anlagen –	138
Summe	**307**

Es ergeben sich damit im Mittel bei insgesamt 1.050.410 Betriebsstunden nach

3.420 Betriebsstunden 1 Wartung.

Resümee:

Die HKA erwiesen sich in den laufenden Feldversuchen als sehr zuverlässig und problemlos. Außer den gezeigten Ergebnissen liegen auch Erkenntnisse über die Bereiche Schallemission, Abgasemission und Netzrückwirkungen vor. Die Ergebnisse zeigen ausnahmslos positive Resultate.

Die 68 HKA wiesen mit Stand Juni 1998 insgesamt etwa 1.750.000 Betriebsstunden auf, was im Mittel zu ca. 26.000 Betriebsstunden je HKA führt. Die am längsten laufenden Anlagen erreichen Ende 1998 über 50.000 Betriebsstunden.

Damit lagen genügend Erfahrungen vor, um für die Serie gesicherte Daten, z. B. bezüglich Wartungsintervalle, Wartungs- und Instandhaltungskosten, Lebensdauer etc., zu erhalten.

10 Beispiele aus der Praxis

10.1 Einsatz eines Mini-BHKW in einer Bäckerei

Mittels zweier kleiner Blockheizkraftwerke können die Landbäckerei Simon und die angegliederte Pension Strom und Wärme zugleich erzeugen. Durch den ständigen Strombedarf bedeutet dies eine große Kostenersparnis. Und effizienter als bei der getrennten Erzeugung von Strom und Wärme wird der Brennstoff eingesetzt. Denn mit der SenerTec HKA lassen sich ca. 90 % davon ausnutzen.

Um den energieaufwendigen Backprozeß sparsamer zu gestalten und somit Kosten zu senken, kam Herr Simon, der die Landbäckerei Simon und eine Pension in der Lausitz betreibt, auf die SenerTec Heiz-Kraft-Anlage (HKA), ein kleines Blockheizkraftwerk mit einer elektrischen Leistung von 5,3 kW. Aufgrund der bestehenden Heizungsanlage entschied er sich für die Heizölvariante.

Seine erste HKA kaufte er im April 1998. Nachdem er von dieser restlos überzeugt war, schaffte er sich ein halbes Jahr später eine zweite an. Die beiden Anlagen sind gekoppelt, was weitere Vorteile bietet: so kann eine Anlage gewartet werden, während die andere unterbrechungsfrei weiterläuft und zudem läßt sich durch die Kaskadierung die Erzeugung sehr gut an den Bedarf anpassen. Er betont, daß er noch Kapazität für zwei weitere Gesäße, die auch schon als Anschaffung eingeplant sind. Mit diesen wird er weitere Stromspitzen abdecken können, doch einen großen Teil wird er auch ins Netz des örtlichen Stromversorgers Essag einspeisen. Seine produzierte Wärme aber kann er voll in die Bäckerei bzw. die Pension einbringen.

Er hat den Trend der Zukunft voll erkannt und betont, daß auch andere energieintensive Klein- und Mittelstandsbetriebe ein enormes Einsparpotential aufweisen. Daß er den richtigen Schritt gemacht hat, kann er anhand seiner Stromrechnung erkennen.

Und zudem tut er auch der Umwelt etwas zugute: Durch die gekoppelte Erzeugung von Strom und Wärme spart er immerhin 47 % CO_2-Emissionen und 30 % Brennstoff im Vergleich mit der Erzeugung im Kessel und Kraftwerk ein.

Tab. 10.1 Beispielrechnung zur Wirtschaftlichkeit der HKA

Einsatzobjekt: Bäckerei und Pension S. Simon, 03099 Gulben
Bäckerei (Strom und Wärme aus HKA)
Pension (Wärme aus HKA)

Eckdaten zur Amortisationsrechnung

Betriebsstunden je HKA	4000 Bh/Jahr
Ölpreis	0,430 DM/l
Wärmepreis	0,051 DM/kWh
mittlerer Strompreis*	0,250 DM/kWh
Vergütung für Einspeisung	0,100 DM/kWh
Rückerstattung Mineralölsteuer	0,120 DM/l (Bagatellgrenze 250 MWh)
Stromsteuer	0,025 DM/kWh (Bagatellgrenze 50 MWh)
Nutzung des erzeugten Stromes	95 %

* Wert ergibt sich aus Arbeitspreis (ST, HT, NT) und dem Leistungspreis ohne Stromsteuer

Jährliche Bilanz

Gutschriften	kW	Bh	DM/kWh	DM/a
Strom – Eigenverbrauch	2 x 5,3	3.800	0,250	10.070,–
Strom – Rückspeisung	2 x 5,3	200	0,100	212,–
Wärme	2 x 10,4	4.000	0,051	4.243,–
Rückerstattung Mineralölsteuer	2 x 17,9	4.000	0,12	1.718,–
Stromsteuer	2 x 5,3	3.800	0,025	1.007,–
Einsparung gesamt				**17.250,–**
Kosten				
Öl	2 x 17,9	4.000	0,043	– 6.157,–
Wartung + Reparatur				– 1.804,–
Jährlicher Überschuß				**9.289,–**

Weitere gewerbliche Referenzanlagen

PLZ	Ort	Betreiber		HKA Typ	seit
16341	Zepernick	Leos Restauration	Werkstatt	1 HKA G 5.5	05/98
72469	Meßstetten	Erwin Schairer GmbH	Betriebshalle	1 HKA G 5.5	09/98
95695	Mähring	Engelbert Hecht	Bäckerei/Bauernhof	1 HKA R 5.3	06/98
97070	Würzburg	City-Leuchten	Verkaufsraum/Büro	1 HKA H 5.3	09/98
97453	Mainberg	Fam. Ritter	Gasthaus "Schwarzer Adler"	1 HKA H 5.3	12/97
97828	Marktheiden-feld	Theo Pfister	Metzgerei	1 HKA G 5.5	04/98

Stand 06/99

10.2 Versorgung eines Maschinenbaubetriebes mit einer HKA

Bereits 1994 bezog die bei Schweinfurt ansässige Firma Volkmar, damals noch von der Firma Fichtel & Sachs AG, eine Vorserien-HKA. Aufmerksam auf das kleine Blockheizkraftwerk wurde der Gewerbebetrieb, der vornehmlich Einzelfertigung von Vorrichtungen für den Maschinenbau und Ersatzteilen betreibt, durch die enge Beziehung zu jenem Schweinfurter Unternehmen. Aufgrund von Strompreisen von damals 49 Pf/kWh war klar, daß sich diese Anlage schnell rechnen würde.

Nachdem 1997 aufgrund des Wachstums (zur Zeit sind 20 feste Mitarbeiter und 40 Teilzeitkräfte beschäftigt) ein Neubau anstand, entschloß sich der Juniorchef, eine weitere SenerTec HKA anzuschaffen.

Ausschlaggebend dafür war die hohe Zufriedenheit mit der vorhandenen Anlage. Daß diese erste Wahl ist, beweist die hohe Lebensdauer von 80.000 Betriebsstunden verbunden mit dem schon nachgewiesenen geringen Wartungsaufwand. Durch die Koppelung dieser Anlagen kann ein Vielfaches der normalen Leistung bereitgestellt werden. Zudem läßt sich eine hohe Versorgungssicherheit erreichen, da bei Wartung oder Instandsetzung einer HKA die anderen unterbrechungsfrei weiter betrieben werden können.

Aufgrund seines immer noch vorhandenen elektrischen Bedarfs an Zusatzstrom aus dem Netz (CNC-Fräs-, Dreh-, Bohrmaschinen, Schweißgeräte, ...) hat der Juniorchef Rainer Volkmar eine dritte Anlage geplant. Der Vorteil ist, daß diese ohne Umbau der Heizungsanlage eingebracht werden kann. Zusätzlich zeigt Herr Volkmar senior Interesse am Einsatz einer HKA in seinem Privathaus, da er von der Zuverlässigkeit und Wirtschaftlichkeit der HKA komplett überzeugt ist.

Zu dem ökonomischen Aspekt gesellt sich natürlich auch der ökologische hinzu, denn durch die Kraft-Wärme-Kopplung können gegenüber der konventionellen Energieerzeugung ca. 47 % CO_2 eingespart werden.

Vater und Sohn sind sich einig, daß für ihren Gewerbebetrieb mit ca. 11.000 m² beheizter Fläche die Anlage von SenerTec eine gewinnbringende und ökologisch sinnvolle Investition darstellt.

Tab. 10.2 Beispielrechnung zur Wirtschaftlichkeit der HKA

Einsatzobjekt: Volkmar Maschinenbau, 97526 Sennfeld
20 feste Mitarbeiter und 40 Teilzeitkräfte
Büro, Maschinen, Beleuchtung – Jahresbedarf 300.000 kWh
(Strom aus HKA)
Firmengebäude – 11.000 m^2 (Wärme aus HKA)

Eckdaten zur Amortisationsrechnung

Betriebsstunden je HKA	3.700 Bh/Jahr
Gaspreis	0,039 DM/kWh
Wärmepreis	0,049 DM/kWh
mittlerer Strompreis*	0,264 DM/kWh
Vergütung für Einspeisung HT	0,25 DM/kWh
NT	0,10 DM/kWh
Eigennutzung des erzeugten Stromes	67%

* Wert ergibt sich aus Arbeitspreis (HT, NT)

Jährliche Bilanz (ohne Strom- und Mineralölsteuergutschrift)

Gutschriften	kW	Bh	DM/kWh	DM/a
Strom eingespart	2 x 5,5	2.490	0,264	7.231,–
Strom rückgespeist	2 x 5,5	1.210	0,25/0,1	1.347,–
Wärme	2 x 12,5	3.700	0,049	4.533,–
Einsparung gesamt				13.111,–
Kosten				
Gas	2 x 20,5	3.700	0,039	– 5.916,–
Wartung + Reparatur				– 1.600,–
Jährlicher Überschuß				**5.595,–**

Weitere Referenzanlagen

PLZ	Ort	Betreiber		HKA Typ	seit
16341	Zepernick	Leos Restauration		1 HKA G 5.5	05/98
51429	Bergisch-Gladbach	Miltenyi Biotech		2 HKA G 5.0	07/98
63762	Großostheim	Hemden- u. Blusenfabrik	Fa. Petermann	1 HKA G 5.5	08/98
76863	Herxheim	Eichenlaub GmbH	Spedition	2 HKA H 5.3	06/98
84130	Dingolfing	Möbelwerkstätten		5 HKA G 5.5	07/98
86356	Neusäß	Fahrzeugbau	Fa. Glogger	1 HKA H 5.3	01/98

Stand 03/99

10.3 Heiz-Kraft-Anlage mit Brennwertnutzung

Seit 1993 wird von der Firma PUREN das neue Verwaltungsgebäude mit „fast"-Passiv-Hausqualität genutzt. Mit in dieser Ausführung wohl einzigartiger Konzeption wurde ein Energiebedarf von 33 kWh/m² und Jahr erreicht. Seit August 1998 hilft eine HKA dem Unternehmen, zusätzlich Strom und Wärme „aus eigener Produktion" zu nutzen.

Durch die angeschlossene Autowaschstraße sowie Produktion wird der erzeugte Strom fast vollständig für den Eigenbedarf genutzt und auch der ganzjährig benötigte Warmwasserbedarf abgedeckt. Als Vorreiter für neue Technologien wurde der HKA ein Keramik-Wärmetauscher nachgeschaltet (Zwei-Kreis-System), um das energetische Nutzungspotential des Primärenergieträgers Öl bestmöglich auszunutzen.

Dieses der Brennwerttechnik für Heizungsanlagen entnommene Prinzip kann bei HKA ein noch höheres Nutzungspotential erreichen.

Die durch diese Technik verbleibenden Verluste liegen bei optimalen Anlagen nur noch bei ca. 2–4 % des theoretisch nutzbaren Brennwertes des Primärenergieträgers.

Da die Abgastemperatur nur noch 40 °C bis 70 °C beträgt, konnte eine preiswerte Abgasleitung aus PP an der Außenfassade des Gebäudes verwendet werden. Ein teurer Kamin entfiel.

Da die Vorlauftemperatur ganzjährig 75 °C beträgt, waren kleine, preiswerte Heizkörper realisierbar. Die Einsparung an Heizkörperfläche lag gegenüber einem Heizkreis von 55 °C/45 °C bei ca. 300,– DM pro kW.

Dazu kamen direkte ökologische Vorteile: Der keramische Wärmetauscher verhindert im Gegensatz zu metallischen nicht nur den sonst üblichen Metallionen-Abtrag (der letztlich unser Grundwasser belastet), sondern er ist auch korrosiv unbedenklich mit entsprechend langer Lebensdauer. Dies drückt sich schon in der 5jährigen Garantiezeit aus. Zudem werden der CO_2-Ausstoß verringert und Verbrennungssäuren vermieden.

Die HKA mit Brennwerttechnik stellt somit für PUREN die beste derzeit verfügbare Technik zur Erzeugung von thermischer und elektrischer Energie dar.

Die Geschäftsleitung von PUREN ist überzeugt, daß dies nicht nur ökologisch sinnvoll ist, sondern auch ökonomisch rentabel, wie die Tabelle 10.3 zeigt.

Tab. 10.3 Beispielrechnung zur Wirtschaftlichkeit

Einsatzobjekt: PUREN Schaumstoff GmbH
88662 Überlingen
Wärme- und Strombedarf für Bürogebäude
und PKW-Waschstraße

Eckdaten zur Amortisationsrechnung (1998/99)

Betriebsstunden HKA	6.000 Bh/Jahr
Heizölpreis	0,430 DM/l
Wärmepreis	0,055 DM/kWh
mittlerer Strompreis*	0,171 DM/kWh
Nutzung des erzeugten Stromes	100 %

* Wert ergibt sich aus Arbeitspreis (ST, HT, NT) und dem Leistungspreis

Jährliche Bilanz

Gutschriften	kW	Bh	kWh	DM/kWh	DM/a
Strom	5,3	6.000	31.800	0,171	5.438,–
Wärme	10,4	6.000	62.400	0,055	3.432,–
Stromsteuer	5,3	6.000	31.800	0,0025	795,–
Mineralölsteuer	17,9	6.000	107.400	0,012	1.289,–
AWT[1] (Brennwertnutzung)	2,5[2]	6.000	15.000	0,055	825,–
Einsparung gesamt					11.779,–
Kosten					
Heizöl (Heizwert!)	17,9	6.000	113.806	0,43	4.324,–
Wartung + Reparatur					1.154,–
Jährlicher Überschuß					**6.301,–**

Energieeinsparung – Vergleich zu Kraftwerk/Kessel

Einsatz Kraftwerk f. Strom	31,8 MWh/34 %	= 93.529 kWh
Einsatz Kessel f. Wärme	77,4 MWh/88 %	= 87.955 kWh
Einsatz HKA + AWT f. Wärme u. Strom		= 113.806 kWh
somit Energieeinsparung:		**= 67.678 kWh**

entspricht 6400 Liter Öl pro Jahr

CO_2-Reduktion:

CO_2-Emissionen:

Kraftwerk f. Strom	93,53 x 31,8 kg/MWh	= 29.743 kg
Kessel f. Wärme	87,96 x 267 kg/MWh	= 23.485 kg
HKA f. Wärme + Strom	113,8 x 267 kg/MWh	= 30.385 kg
CO^2-Einsparung:		**22.843 kg**

Reduzierung Verbrennungssäure

Kraftwerk Strom   93.529 x 0,1   = 9.353 Liter
Kessel   Wärme 87.955 x 0,1   = 8.796 Liter
HKA + AWT: 113.806 x 0,1 − 7.500   = 3.880 Liter

Einsparung Säure: **14.269 Liter/a**

Energiegewinn durch AWT:
15.000 kWh entsprechen 37,5 m^2 Sonnenkollektorfläche

CO_2-Einsparung durch AWT:
4.000 kg entsprechen 0,7 ha Waldfläche

Red. Verbrennungssäure durch AWT: **7.500 l**

Alle Wirkungsgrade sind auf Brennwert (H$_o$) bezogen!
Stand 11/99

---

[1] *AWT=Abgas-Kondensationswärmetauscher*
[2] *Rücklauftemperatur im Mittel 20°C*

10.4 Versorgung einer Schule mit Strom und Wärme

Praktischer Umweltschutz in der Schule: Dies kann jede Schule verwirklichen mit neuester Technik, die zum einen die Umwelt entlastet (NO_x-Einsparung von etwa 25 % und CO_2-Reduzierung um 47 %) und auch den Geldbeutel der Betreiber.

Ein eigenes Kraftwerk im Hause dient als Vorbild für unsere nächste Generation, die ohnehin immer stärker mit Umweltschutzaspekten aufwächst. Doch auch dem Betreiber tut sie Gutes: Der ständige Wärme- und Stromverbrauch läßt eine hohe jährliche Betriebsstundenzahl erwarten, vor allem dann, wenn größere Wärmeverbraucher (z. B. Schwimmbäder und Turnhallen) mitversorgt werden. Eine entsprechend kurze Amortisationszeit der Investition ist damit praktisch garantiert.

Auch kann die Anlage geleast werden, was den Haushalt der öffentlichen Hand stark entlasten kann.

Als weitere Pluspunkte sind die hohe Lebensdauer von 80.000 Betriebsstunden sowie der geringe Wartungsaufwand – die damit verbundenen Betriebskosten sind dadurch auf ein Minimum reduziert – zu nennen.

Auch einem Bedarf an höherer Leistung von Wärme oder Strom steht nichts im Wege. Mehrere Anlagen können gekoppelt ein Vielfaches einer einzigen Einheit leisten, wodurch sich eine noch höhere Versorgungssicherheit erreichen läßt. Denn wenn eine Anlage gewartet oder instand gesetzt werden muß, laufen die anderen Anlagen unterbrechungsfrei weiter.

Die Gemeinde Dittelbrunn, die eine Schule und Kindergarten mit der Wärme und dem Strom der HKA ökologisch sinnvoll versorgt, betont: „daß hier eine Anlage gebaut wurde, die den öffentlichen Etat dauerhaft entlasten hilft und Mittel für andere wichtige Investitionen schafft." Durch die selbstproduzierte Wärme und den Strom spare man 6.300 DM pro Jahr, wobei bereits alle Kosten und die Steuergutschriften berücksichtigt sind.

Alles in allem bezeichnet Herr Warmuth von der Gemeinde Dittelbrunn die Anlage als ein Muß für jede Schule, denn sie läßt sich problemlos in die bestehende Heiztechnik einbinden.

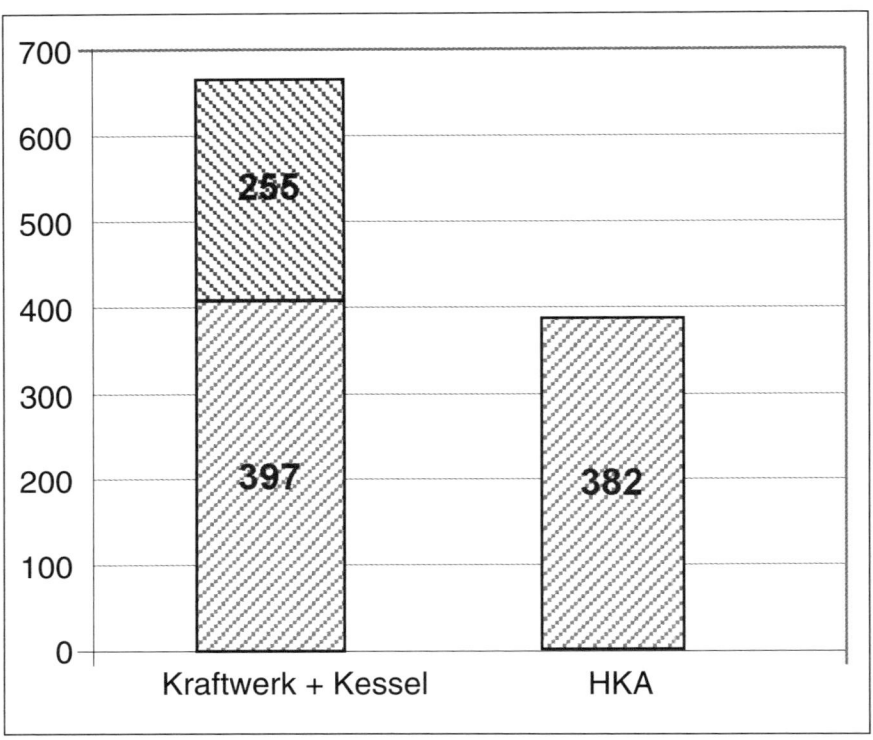

**Abb. 10.2   Kohlendioxid-Emissionen bei 80.000 Betriebsstunden in
Tonnen**

Einsatzobjekt: Gemeinde Dittelbrunn, Grundschule und Kindergarten Hambach
Größe: 1.857 m²   753 m²
Kinder: 240 (8 Klassen)   100

Eckdaten zur Amortisationsrechnung (Hochrechnung)
Betriebsstunden HKA   5.000 Bh/Jahr
Gaspreis   0,040 DM/kWh
mittlerer Strompreis*   0,200 DM/kWh
Vergütung für Einspeisung   0,100 DM/kWh
Eigennutzung   90 %

---

* Wert ergibt sich aus Arbeitspreis (ST, HT, NT) und dem Leistungspreis

Jährliche Bilanz

Gutschriften	kW	Bh	DM/kWh	DM/a
Strom	5,5	4.950	0,26	5.445,–
Rückspeisung	5,5	650	0,10	358,–
Stromsteuer	5,5	4.950	0,025	681,–
Wärme	12,5	5.000	0,05	3.125,–
Mineralölsteuer	22,8	5 000	0,012	1.368,–
Einsparung gesamt				**10.977,–**
Kosten				
Gas	20,5	5.000	0,04	– 4.100,–
Wartung + Reparatur				– 550,–
Jährlicher Überschuß				**6.327,–**

Weitere Referenzanlagen in Schulen

PLZ	Ort	Betreiber		HKA Typ	seit
08355	Rittersgrün	Gemeinde	Rittersgrün	1 HKA H 5.3	06/98
24783	RD-Osterröhnfeld	DEULA Schleswig-Holstein GmbH	Lehranstalt für Agrar- und Umwelttechnik	1 HKA G 5.5	10/97
31558	Hagenburg	Samtgemeinde	Sachsenhagen	2 HKA G 5.5	05/98
64293	Darmstadt	Evangelische Fachhoch-schule		1 HKA G 5.5	05/98
76448	Durmersheim	Gemeinde Durmersheim		2 HKA G 5.5	03/98
85614	Kirchseeon	Technisches Bauamt	Volksschule	3 HKA G 5.5	09/98

Stand 11/99

10.5 Einsatz eines Mini-BHKW in der Landwirtschaft

Die Verbraucher fordern immer öfter den ökologischen Anbau in der Landwirtschaft. Doch die Landwirte setzen noch eins drauf: Sie produzieren jetzt sogar ihre Wärme und ihren Strom umweltgerecht, mit einer NO_x-Einsparung von etwa 25 % und einer CO_2-Reduzierung um ca. 47 %.

Ein eigenes Kraftwerk im Hause schont aber nicht nur die Umwelt, sondern auch den Geldbeutel der Betreiber. Daß unsere Landwirte rechnen können, versteht sich von selbst: Der ständige Wärme- und Stromverbrauch in einem landwirtschaftlichen Betrieb läßt eine hohe jährliche Betriebsstundenzahl erwarten. Eine entsprechend kurze Amortisationszeit der Investition ist damit praktisch garantiert.

Als weitere Pluspunkte sind die hohe Lebensdauer von 80.000 Betriebsstunden sowie der geringe Wartungsaufwand (die damit verbundenen Betriebskosten sind dadurch auf ein Minimum reduziert) zu nennen.

Auch einem höheren Bedarf an Wärme oder Strom steht nichts im Wege. Mehrere Anlagen können gekoppelt ein Vielfaches einer einzigen Einheit leisten, wodurch sich nicht nur mehr Leistung, sondern auch eine höhere Versorgungssicherheit erreichen läßt. Denn wenn eine Anlage gewartet werden muß oder eine Störung auftritt, laufen die anderen Anlagen unterbrechungsfrei weiter.

Bauer Ecksler, der seine Ferkel mit der Wärme der HKA ökologisch sinnvoll versorgt, betont: „daß hier eine Anlage gebaut wurde, die sowohl kleineren wie auch mittleren landwirtschaftlichen Betrieben viel Geld spart." Durch die Abwärme und den selbstproduzierten Strom der HKA spart er ungefähr 8.000 DM pro Jahr, wobei bereits alle Kosten abgezogen sind.

Alles in allem kann Herr Ecksler die Anlage jedem seiner Kollegen nur wärmstens empfehlen, denn sie läßt sich problemlos in die bestehende Haustechnik einbinden.

Einsatzobjekt: Landwirtschaft Ecksler, Rheine
36 Abferkelställe (Strom und Wärme aus HKA)
240 Aufzuchtplätze (Strom und Wärme aus HKA)
600 Mastplätze (Strom aus HKA)

Eckdaten zur Amortisationsrechnung

Betriebsstunden HKA	8.456 Bh/Jahr
Gaspreis	0,055 DM/kWh
Wärmepreis	0,073 DM/kWh

mittlerer Strompreis*	0,259 DM/kWh
Vergütung für Einspeisung	0,100 DM/kWh
Nutzung des erzeugten Stromes	93,5 %

* Wert ergibt sich aus Arbeitspreis (ST, HT, NT) urd dem Leistungspreis

Jährliche Bilanz

Gutschriften	kW	Bh	DM/kWh	DM/a
Strom	5,5	7.906	0,259	11.262,–
Rückspeisung	5,5	550	0,100	302,–
Stromsteuer	5,5	7.906	0,025	1.087,–
Wärme	12,5	8.456	0,073	7.965,–
Mineralölsteuer	22,8	8.456	0,012	2.314,–
Einsparung gesamt				**22.660,–**
Kosten				
Gas	20,5	8.456	0,055	– 9.534,–
Wartung + Reparatur				– 1.951,–
Jährlicher Überschuß				**11.175,–**

Weitere landwirtschaftliche Referenzanlagen

PLZ	Ort	Betreiber		HKA Typ	seit
21717	Wedel	Dieter Braasch	Ferkelaufzucht	1 HKA F 5.5	08/98
24257	Köhn	Holger Finck	Schweinezucht	1 HKA H 5.3	05/98
24783	RD-Osterröhnfeld	DEULA Schleswig-Holstein GmbH	Lehranstalt für Agrar- und Umwelttechnik	1 HKA G 5.5	10/97
49424	Goldenstedt	Dirk Frahne	Staatl. gepr. Landw.leiter	1 HKA G 5.5	01/98
49744	Groß-Hesepe	Bernhard Wilmink	Schweinezucht	1 HKA H 5.3	01/98
91725	Leutersheim	Fritz Steinacker	Viehzucht-betrieb	1 HKA H 5.3	05/98

10.6 Steigerung der Heizeffizienz durch drei Heizkraftanlagen in einem Schwimmbad

Die Gemeinde Sennfeld entschloß sich 1998, die Warmwasserbereitung für ihr Hallenbad zu modernisieren. Man favorisierte hier ein ökologisch und ökonomisch wertvolles Anlagenkonzept: drei kleine Blockheizkraftwerke (SenerTec) für die Grundlast in Kombination mit den vorhandenen Standardkesseln für die Spitzenlast sorgen nun für angenehme Badetemperaturen.

Aufgrund der hohen Lebensdauer von 80.000 Betriebsstunden und dem geringen Wartungsaufwand können die Betriebskosten auf ein Minimum reduziert werden. Ebenso sind sie problemlos in die bestehende Heizungsanlage integrierbar.

Durch die Koppelung dieser drei Anlagen läßt sich eine hohe Versorgungssicherheit erreichen. Wenn eine Anlage gewartet oder instand gesetzt werden muß, laufen die anderen beiden Anlagen unterbrechungsfrei weiter. Ein zusätzlicher Pluspunkt gegenüber der herkömmlichen Heizungstechnik ist natürlich die gleichzeitige Erzeugung von Wärme und Strom, wodurch sich bei hohen Laufzeiten eine entsprechend kurze Amortisationszeit ergibt. Dies ist in Bereichen der großvolumigen Warmwasserbereitung meist der Fall.

Im Hallenbad Sennfeld hat sich die Investition auf jeden Fall gelohnt, da die Kosteneinsparung aufgrund der Stromerzeugung im ersten Jahr bereits etwa 16.000 DM betrug. Dazu kommt eine unerwartete Verringerung des Gasverbrauches um etwa 18.000 DM. Dieses zunächst unerklärliche Phänomen – erwartet wurde ein leichter Anstieg des Gasverbrauches, bedingt durch die zusätzliche Stromproduktion – läßt sich leicht erklären: Mit dem Einbau der HKAs wurde auch die Lüftungssteuerung und die Heizungsregelung optimiert. Somit wurde die gesamte Wärmeerzeugung wesentlich verbessert. Heute übernehmen die (hocheffizienten) HKA den kompletten (uneffektiven) Sommerbetrieb der Heizkessel und sparen trotz Stromerzeugung Brennstoff ein.

Ein weiterer Aspekt für jede Gemeinde-/Stadtverwaltung ist, daß durch die Möglichkeit des Anlagenleasings die Investition für jeden Etat interessant wird.

Für die Heiz-Kraft-Anlagen spricht jedoch nicht nur der ökonomische Vorteil, sondern auch der ökologische Aspekt. Denn dadurch können ca. 47 % CO_2 gegenüber der konventionellen Energieerzeugung eingespart werden.

Die 3 HKAs in Sennfeld halfen in nur einem Jahr Betriebszeit neben 52.000 m² Gas unmittelbar im Hallenbad auch 40 t Steinkohle in Großkraftwerken einzusparen. Die Einsparung an CO_2 beträgt dadurch etwa 273 t. Zur Bindung dieser Menge CO_2 wären 48 ha Wald und zur Einsparung derselben Menge an fossilem Brennstoff wären 200 m² Solarkollektoren zur Wärmeerzeugung und ein 60-kW-Solargenerator zu Stromerzeugung nötig. Damit trägt die Gemeinde Sennfeld ihren Beitrag zu den Zielen der Agenda 21 und bessert gleichzeitig das Gemeindesäckel auf.

Tab. 10.4 Beispielrechnung zur Wirtschaftlichkeit

Einsatzobjekt: Hallenbad, 97526 Sennfeld
Schwimmbecken mit 25 m Länge (Wärme aus HKA)
sanitäre Anlagen (Wärme aus HKA)
Gebäudeversorgung (Strom aus HKA)

Eckdaten zur Amortisationsrechnung

Betriebsstunden 3 HKA	20.243 Bh/Jahr
Gaspreis	0,039 DM/kWh
Wärmepreis	0,060 DM/kWh
mittlerer Strompreis*	0,141 DM/kWh
Eigennutzung des erzeugten Stromes	100 %

* Wert ergibt sich aus Arbeitspreis (ST, HT, NT) und dem Le stungspreis

Jährliche Bilanz

Gutschriften	kW	Bh	DM/kWh	DM/a
Strom	5,5	20.243	0,141	15.698,–
Stromsteuer	5,5	20.243	0,025	2.783,–
Wärme	12,5	20.243	0,049	12.399,–
Gasersparnis*				8.800,–
Mineralölsteuer	22,8	20.243	0,012	5.538,–
Einsparung gesamt				**45.218,–**
Kosten				
Gas	20,5	20.243	0,039	– 16.184,–
Wartung + Reparatur				– 846,–
Jährlicher Überschuß				**28.188,–**

*Anrechnung von 50 % der gesamten eingesparten Gasmenge, Rest entfällt auf andere Maßnahmen

Weitere Referenzanlagen mit Schwimmbad

PLZ	Ort	Betreiber		HKA Typ	seit
29482	Küsten	Dieter Witte	MFH mit Schwimmbad	1 HKA H 5.3	07/98
35435	Wettenberg	Fitness-Studio	Herr Udo Opper	2 HKA G 5.5	07/98
41812	Erkelenz	Stadt Erkelenz, Herr Windeln	Städtisches Hallenbad	1 HKA G 5.5	11/97
55576	Sprendlingen	Verbands-gemeinde-verwaltung Sprendlingen	Bademeister Herr Seckler	2 HKA G 5.5	09/98
64372	Ober-Ramstadt	Fitness-Insel GmbH	Herr Jochen Mahr	1 HKA G 5.5	08/98
97232	Giebelstadt	Dr. Pfeiffer		2 HKA G 5.5	04/98

Stand 02/99

10.7 Versorgung eines Freizeitcenters mit drei Heizkraftanlagen

Das Freizeitcenter Oberrhein in Rheinmünster betreibt seit Mai 1998 zwei Heiz-Kraft-Anlagen von SenerTec. Aufgrund des hohen Warmwasserbedarfs wurde im August 1998 eine weitere Anlage angeschafft. Diese drei Module versorgen die sanitären Anlagen für die Gäste mit Wärme, wobei der Strom selbst genutzt wird.

Um den hohen Ansprüchen der Gäste gerecht zu werden, die täglich 4000 Liter Warmwasser in den sanitären Anlagen und den Geschirrspülbecken verbrauchen, wurden innovative Wege gesucht.

Mit Unterstützung dreier HKA kann der Wärmebedarf zuverlässig gedeckt werden und der dabei produzierte Strom wird komplett selbst verbraucht und senkt die Stromrechnung.

Durch diese moderne Technologie kann der Brennstoff zu über 90 % genutzt werden. Für einen Wärme- und Stromerzeuger eine überzeugende Leistung. Weiterhin besticht die Heiz-Kraft-Anlage von SenerTec durch ihren niedrigen Wartungsaufwand und damit auch durch ihre minimalen Betriebskosten. Durch ihre hohe Lebensdauer von 80.000 Betriebsstunden ist sie Mitbewerbern gegenüber so gut wie unschlagbar.

Wie beim Freizeitcenter Oberrhein können mehrere Anlagen gekoppelt werden, die ein Vielfaches der Leistung einer Einheit bereitstellen können. Der Pluspunkt bei diesem Konzept ist die hohe Versorgungssicherheit, da bei Wartung einer Anlage die anderen unterbrechungsfrei weiterbetrieben werden können.

Der Vorteil gegenüber einer herkömmlichen Heizung ist, daß sie Ihre Investition mit Gewinn zurückerhalten. Die Amortisationszeit ist vor allem von den jährlichen Betriebsstunden und den vermiedenen Stromkosten abhängig. Weiterhin wird durch die komplette Steuerbefreiung auf Brennstoff und Strom ein nicht unerheblicher Vorteil erzielt.

Die hohe Rentabilität ist sichergestellt, da der produzierte Strom ausschließlich für den Eigenbedarf, z. B. Beleuchtung, elektrische Schrankenanlage, Gaststätte, Sanitärgebäude, genutzt wird.

Doch auch die Umwelt kommt nicht zu kurz: durch die gekoppelte Erzeugung von Strom und Wärme werden gegenüber der herkömmlichen Energieerzeugung etwa 47 % CO_2 und ca. 30 % Brennstoff eingespart.

Tab. 10.5 Beispielrechnung zur Wirtschaftlichkeit

Einsatzobjekt: Freizeitcenter Oberrhein, 77836 Rheinmünster
Camping-, Ferien- und Erholungspark
sanitäre Anlagen mit 382 m² Fläche, Geschirrspülbecken
(Wärme aus HKA)
Beleuchtung, Schrankenanlage, ... (Strom aus HKA)

Eckdaten zur Amortisationsrechnung

Betriebsstunden je HKA	7.930 Bh/Jahr
Gaspreis	0,049 DM/kWh
Wärmepreis	0,055 DM/kWh
mittlerer Strompreis*	0,141 DM/kWh
Vergütung für Einspeisung	0,090 DM/kWh
Rückerstattung Mineralölsteuer	6,800 DM/MWh
Stromsteuer	0,020 DM/kWh
Nutzung des erzeugten Stromes	95 %

* Wert ergibt sich aus Arbeitspreis (ST, HT, NT) und dem Leistungspreis ohne Stromsteuer

Jährliche Bilanz

Gutschriften	kW	Bh	DM/kWh	DM/a
Strom	2 x 5,5	7.530	0,141	11.679,–
Strom – Rückspeisung	2 x 5,5	400	0,090	396,–
Stromsteuer	2 x 5,5	7.530	0,025	2.071,–
Wärme	2 x 12,5	7.930	0,055	10.904,–
Mineralölsteuer	2 x 20,5	7.930	0,0068	2.211,–
Einsparung gesamt				**27.261,–**
Kosten				
Gas	2 x 20,5	7.930	0,049	– 15.931,–
Wartung + Reparatur				– 1.050,–
Jährlicher Überschuß				**12.280,–**

Weitere Referenzanlagen mit hohem Warmwasserbedarf

PLZ	Ort	Betreiber		HKA Typ	seit
59929	Brilon	Haus Rech		1 HKA G 5.5	07/98
66459	Kirkel	Ressmann's Residence	Herr Ressmann	1 HKA G 5.5	12/97
67098	Bad Dürkheim	Hotel-Restaurant Fronmühle	Herr Uwe Krauß	2 HKA G 5.5	12/97
73566	Bartholomä	Landhotel Wental	Herr Georg Lieb	2 HKA H 5.3	09/98
79098	Freiburg	Victoria Hotel	Herr Späth	2 HKA H 5.3	03/98
81479	München	Hotel Heigl	Herr Michael Heigl	1 HKA G 5.5	10/97

Stand 06/99

11 CD zum Buch

Die beiliegende CD (Umschlagseite 3) enthält Dateien, mit denen die Wirtschaftlichkeit eines Mini-BHKW berechnet werden kann. Es sind verschiedene
Einsatzfälle vorgegeben, aber es können auch Anwendungsbeispiele mit eigenen Parametern eingegeben werden. Als Beispiel sei auf das „Einfamilienhaus"
aus dem Kapitel 7.5 verwiesen.